高等职业教育改革与创新新形态教材

机 械 制 图

主编　孙庆唐

参编　吴立莉　张永军

机 械 工 业 出 版 社

本书是针对高职高专教育的特点，以"画法几何及机械制图课程教学基本要求"为依据，结合编者多年教学及教改实践经验编写而成的。

本书共分 7 个项目，主要内容包括绘制平面图形，绘制简单形体三视图，识读和绘制机件图样，识读和绘制标准件与常用件，识读和绘制零件图，识读和绘制装配图以及典型零件的测绘。

本书可作为高等职业院校机械类专业的教材，也可作为相关专业工程技术人员的参考用书。

本书配有电子课件，凡使用本书作为教材的教师均可登录机械工业出版社教育服务网 www.cmpedu.com 注册后免费下载。咨询电话：010 - 88379375。

图书在版编目（CIP）数据

机械制图/孙庆唐主编. —北京：机械工业出版社，2023.7
高等职业教育改革与创新新形态教材
ISBN 978-7-111-73143-6

Ⅰ.①机… Ⅱ.①孙… Ⅲ.①机械制图－高等职业教育－教材
Ⅳ.①TH126

中国国家版本馆 CIP 数据核字（2023）第 081211 号

机械工业出版社（北京市百万庄大街22号　邮政编码100037）
策划编辑：薛　礼　　　　　　责任编辑：薛　礼　刘良超
责任校对：潘　蕊　梁　静　　封面设计：严娅萍
责任印制：李　昂
北京捷迅佳彩印刷有限公司印刷
2023 年 9 月第 1 版第 1 次印刷
184mm×260mm · 14.25 印张 · 384 千字
标准书号：ISBN 978-7-111-73143-6
定价：46.80 元

电话服务　　　　　　　　　　网络服务
客服电话：010 - 88361066　　机 工 官 网：www.cmpbook.com
　　　　　010 - 88379833　　机 工 官 博：weibo.com/cmp1952
　　　　　010 - 68326294　　金 书 网：www.golden - book.com
封底无防伪标均为盗版　　机工教育服务网：www.cmpedu.com

前　言

"机械制图"是一门实践性很强的专业基础课，主要研究机械图样。设计者通过图样表达设计思想；制造者通过图样了解设计要求，并依据图样制造机件；在各种技术交流活动中，图样也是不可缺少的。职业院校教师在机械制图的教学中，首先要提高对实践活动重要地位的认识，同时在实际教学中注重学生识图、绘图能力的培养，引导学生充分发挥第一感官的作用，使学生获得必要的信息，提高学生对该课程的兴趣，引导学生手脑结合，多练习作图，在实践中提高学生的识图与绘图能力，在实践中考察学生的水平和能力，而不是仅依靠课堂笔试来考察。在这种能力培养模式中，实践有着不可替代的重要作用。这样多措并举，就能使学生真正具备识图和绘图的本领，满足企业的需求，更好地为生产服务。

本书特点如下：

1）编写模式新颖，内容体系体现职业教育特色。本书打破传统理论体系，建立了"以行动体系为框架，用任务进行驱动，以工作项目为导向"的内容体系。通过"任务驱动"和"项目化"教学完成每个任务，以体现"学中做、做中学"的职业教育特色。

2）内容实用性强，满足现代机械行业的发展要求。本书内容全面，实用性强，在内容选取过程中，借鉴德国职业教育"工作过程系统化"的教学思想，将企业典型的工作任务内容转化为课程内容，形成理论、实践一体化的课程内容，同时选取来自教学、科研和行业企业的典型案例，反映企业的新技术、新工艺和新方法。全书采用现行《技术制图》和《机械制图》国家标准，充分体现了实用性。

3）适应职业教育教学改革需要，满足行动导向教学要求。本书结构采用行动体系，便于教师的行动导向教学，确保学科体系知识的总量够用、实用，满足学生可持续发展的要求。以工作任务为主线，讲解制图基础知识，使学生带着目标、疑问来学习，先有结论，后有行动，打破传统的思维模式。

本书由孙庆唐主编，具体编写分工：项目1、项目2由吴立莉编写，项目3、项目6由张永军编写，项目4、项目5、项目7、附录由孙庆唐编写，全书由孙庆唐进行统稿。

由于编者水平有限，书中难免存在疏漏和不足之处，恳请广大读者批评指正。

编　者

目 录

项目 1

绘制平面图形

任务 1　绘制几何图形

【任务目标】

1）熟悉机械制图国家标准的基本规定。
2）掌握常用图线的线型、画法及其应用。
3）掌握尺寸标注的基本规定。
4）能正确使用铅笔、圆规等绘图工具。
5）能按国家标准绘制几何图形。

【任务要求】

绘制如图 1-1 所示的几何图形，比例为 1:1，保留作图痕迹。

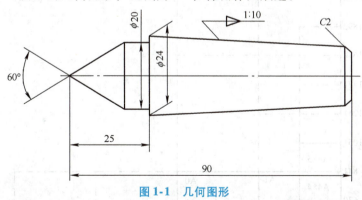

图 1-1　几何图形

【知识链接】

一、机械图样概述

根据投影原理、国家标准及有关规定，表示工程对象，并有必要的技术说明的工程图，称为图样。

图样是工程界用来表达和交流技术思想的工具之一，有"技术语言"之称。设计者通过图样来表达设计意图；制造者通过图样了解设计要求，组织制造和指导生产；使用者通过图样了解机器设备的结构和性能，进行操作、维修和保养。机械图样是现代生产中机械工程领域应用的图样。在生产实际中，应用最广的工程图样是零件图和装配图。

二、国家标准的基本规定

关于制图的国家标准主要有《技术制图》和《机械制图》，国家标准的代号格式如"GB/T 14689—2008"，其中，GB/T 表示推荐型国家标准，字母后的两组数字分别表示标准的顺序号和颁布年份，如顺序号 14689 对应国家标准《技术制图　图纸幅面和格式》，于2008 年颁布。

1. 图纸幅面和格式（GB/T 14689—2008）

（1）图纸幅面　图纸的基本幅面分为 A0、A1、A2、A3、A4 五种，见表 1-1。图纸的基本幅面及加长尺寸如图 1-2 所示。

表 1-1　基本幅面尺寸　　　　　　　　　　　　（单位：mm）

幅面代号		A0	A1	A2	A3	A4
尺寸 $B \times L$		841×1189	594×841	420×594	297×420	210×297
边框	a	25				
	c	10			5	
	e	20			10	

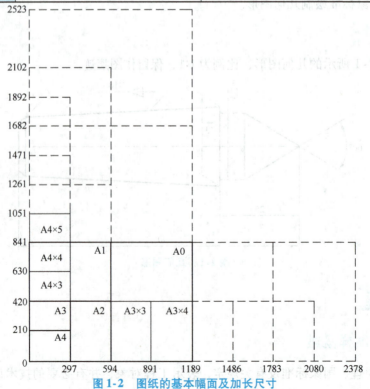

图 1-2　图纸的基本幅面及加长尺寸

（2）图框格式　图纸中限定绘图区域的边框称为图框，用粗实线绘制，其格式分为不留装订边和留装订边两种，如图1-3所示，尺寸按表1-1的规定。同一产品的图框只能采用一种格式。

（3）标题栏（GB/T 10609.1—2008）　每张图样上都必须画出标题栏，标题栏的位置一般位于图纸的右下角，如图1-3所示。国家标准对标题栏的内容、格式及尺寸做了统一规定，如图1-4所示。在学校平时作业练习的标题栏可以自定，建议采用如图1-5所示的简化标题栏。

标题栏的长边置于水平方向并与图纸的长边平行时，构成 X 型图纸；若标题栏的长边与图纸的长边垂直时，则构成 Y 型图纸，如图1-3所示。在此情况下，标题栏中的文字方向为看图方向。

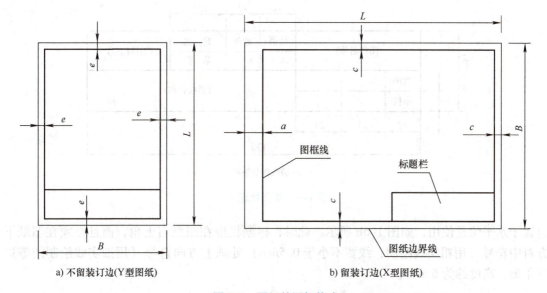

a) 不留装订边(Y型图纸)　　　　　b) 留装订边(X型图纸)

图1-3　图纸的图框格式

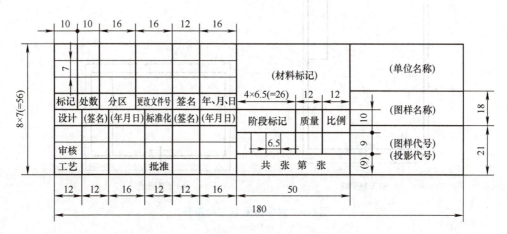

图1-4　国家标准规定的标题栏格式与尺寸

必要时允许将 X 型图纸的短边置于水平位置使用，如图1-6a 所示；或将 Y 型图纸的长

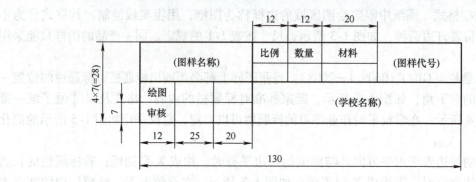

a) 零件图标题栏

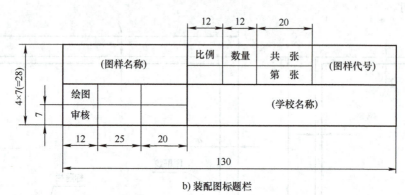

b) 装配图标题栏

图 1-5 简化标题栏

边置于水平位置使用，如图 1-6b 所示。此时，标题栏应在图纸右上角，而且必须在图纸下方对中符号（用粗实线绘制，线宽不小于 0.5mm）处画上方向符号（用细实线绘制的等边三角形，高度约为 6mm）。

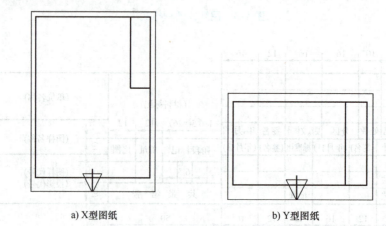

a) X型图纸   b) Y型图纸

图 1-6 对中符号与方向符号

2. 比例（GB/T 14690—1993）

比例是指图中图形与其实物相应要素的线性尺寸之比。绘制图样时，应在表 1-2 规定的系列中选取适当的比例。比例有原值、放大和缩小三种，常用的比例见表 1-2。

表1-2 比例系列

种类	比例	
	第一系列	第二系列
原值比例	1:1	—
缩小比例	1:2 1:5 1:10 1:1×10^n 1:2×10^n 1:5×10^n	1:1.5 1:2.5 1:3 1:4 1:6 1:1.5×10^n 1:2.5×10^n 1:3×10^n 1:4×10^n 1:6×10^n
放大比例	2:1 5:1 1×10^n:1 2×10^n:1 5×10^n:1	2.5:1 4:1 2.5×10^n:1 4×10^n:1

注：n 为正整数。

画图时优先采用原值（1:1）比例。不论采用放大比例还是缩小比例，在图样上标注的尺寸数值均为机件的实际大小，与所采用的绘图比例无关，如图1-7所示。同时应注意，图形中的角度仍应按实际大小绘制和标注。

比例应标注在标题栏中的"比例"一栏内，必要时可标注在视图名称的上方。

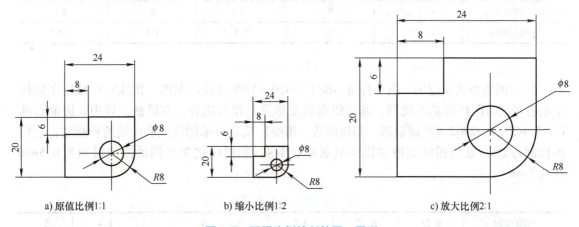

a) 原值比例1:1   b) 缩小比例1:2   c) 放大比例2:1

图1-7 不同比例绘制的同一图形

3. 字体（GB/T 14691—1993）

图样中书写的字体必须做到字体工整、笔画清楚、间隔均匀、排列整齐。

字体高度（用 h 表示）的公称尺寸系列为：1.8mm、2.5mm、3.5mm、5mm、7mm、10mm、14mm、20mm。如需要书写更大的字，其字体高度应按 $\sqrt{2}$ 的比例递增，字体高度代表字体的号数。

（1）汉字 汉字应写成长仿宋体，并采用国家正式公布的简化字。汉字的高度 h 应不小于3.5mm，其宽度一般为 $h/\sqrt{2}$，汉字示例如图1-8所示。

（2）数字和字母 数字和字母可写成直体或斜体（常用斜体），斜体字字头向右倾斜，与水平基准线成75°，如图1-9所示。国家标准《CAD工程制图规则》（GB/T 18229—2000）中所规定的字体与图纸幅面的关系见表1-3。

10号汉字： 字体工整 笔画清楚 间隔均匀 排列整齐

7号汉字： 横平竖直 注意起落 结构均匀 填满方格

5号汉字： 技术 制图 机械 电子 汽车 航空 船舶 土木 建筑 矿石 井坑 港口 纺织

3.5号汉字： 螺纹 齿轮 端子 接线 飞行指导 驾驶舱位 挖填施工 引水通风 闸阀坝 棉麻化纤

图1-8 汉字示例

I Ⅱ Ⅲ Ⅳ Ⅴ Ⅵ Ⅶ Ⅷ Ⅸ Ⅹ Ⅺ Ⅻ　　ABCDEFGHIJKLMNOPQRST
0123456789876543210　　　　abcdefghijklmnopqrst

图1-9 数字和字母示例

表1-3 字体与图纸幅面的关系

图幅	A0	A1	A2	A3	A4
汉字	7	7	5	5	5
字母与数字	5	5	3.5	3.5	3.5

4. 图线（GB/T 17450—1998、GB/T 4457.4—2002）

（1）图线型式及应用　国家标准 GB/T 17450—1998《技术制图　图线》中规定了如何绘制各种技术图样的基本线型、基本线型的变形及其相互组合。在机械图样中，国家标准 GB/T 4457.4—2002《机械制图　图样画法　图线》规定只采用粗线和细线两种线宽，它们的比例为2:1。常见图线宽度和图线组别见表1-4。制图中优先采用的图线组别为0.5mm 和0.7mm。

表1-4 常见图线宽度和图线组别　　　　　　　　　　　（单位：mm）

图线组别	0.25	0.35	0.5	0.7	1	1.4	2
粗线宽度	0.25	0.35	0.5	0.7	1	1.4	2
细线宽度	0.13	0.18	0.25	0.35	0.5	0.7	1

以下将细虚线、细点画线、细双点画线分别简称为虚线、点画线、双点画线。

机械图样中常用图线的名称、型式、宽度及一般应用见表1-5。各种线型的应用示例如图1-10所示。

表1-5 常用图线的名称、线型、宽度及一般应用（摘自 GB/T 4457.4—2002）

名称		线型	宽度	一般应用
实线	粗实线	————	d	可见轮廓线、可见棱边线、相贯线、螺纹牙顶线、螺纹长度终止线等
	细实线	————	$d/2$	过渡线、尺寸线、尺寸界线、剖面线、弯折线、螺纹牙底线、齿根线、引出线、辅助线

（续）

名称		线型	宽度	一般应用
虚线	粗虚线	▬ ▬ ▬ ▬ ▬ ▬	d	允许表面处理的表示线
	细虚线	— — — — — —	$d/2$	不可见轮廓线、不可见棱边线
点画线	细点画线	—·—·—·—	$d/2$	轴线、对称中心线、分度圆（线）等
	粗点画线	▬ · ▬ · ▬	d	有特殊要求的线或表面的表示线
双点画线		—··—··—	$d/2$	相邻辅助零件的轮廓线、极限位置的轮廓线、假想投影的轮廓线、轨迹线等
波浪线		∿∿∿∿	$d/2$	断裂处的边界线、剖视与视图的分界线
双折线		⌇⌇	$d/2$	断裂处的边界线

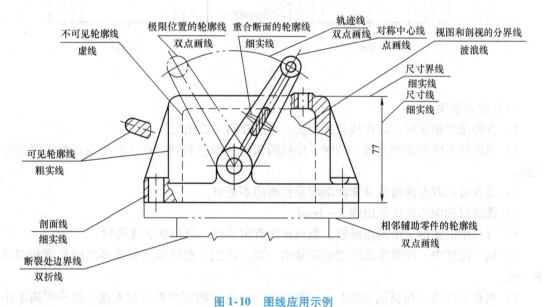

图1-10　图线应用示例

（2）图线画法

1）在绘制虚线时，线段长度为 4~6mm，间隔为 1mm，虚线和虚线相交处应为线段相交。当虚线在粗实线延长线上时，虚线与粗实线之间应有间隙。

2）在绘制点画线时，长线段长度为 15~20mm，间隔为 3mm，短线段长度为 1mm，超出轮廓线长度为 3~5mm。点画线与点画线相交时应是长线段与长线段相交。当要绘制的点画线长度较短时，可用细实线代替。

3）在绘制双点画线时，长线段长度为 15~20mm，间隔为 5mm，短线段长度为 1mm。虚线、点画线和双点画线的画法如图1-11所示，样例如图1-12所示。

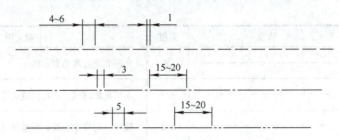

图1-11　虚线、点画线和双点画线的画法

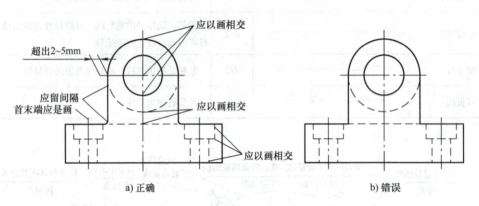

a) 正确　　　　　　　　　　　　　　b) 错误

图1-12　图线的画法样例

（3）注意事项

1）各种图线相交时，应在线段处相交，不应在间隔处相交。

2）当虚线弧线和虚线直线相切时，虚线圆弧的线段应画到切点，而虚线直线需要留有空隙。

3）点画线和双点画线的首末两端应是长画而不是点。

4）圆的对称中心线应超出圆 3～5mm。

5）在较小的图形上绘制点画线、双点画线有困难时，可用细实线代替。

6）同一图样中，同类图线的宽度应基本一致。虚线、点画线及双点画线的长度和间隔应一致。

7）两条平行线（包括剖面线）之间的间距应不小于粗实线的 2 倍宽度，最小距离不小于 0.7mm。

5. 尺寸注法（GB/T 4458.4—2003）

尺寸是图样中不可缺少的重要内容之一，是制造零件的直接依据。在标注尺寸时，必须严格遵守国家标准的有关规定，做到正确、完整、清晰、合理。

（1）标注尺寸的基本规则

1）机件的真实大小应以图样上所注的尺寸数值为依据，与图形大小及绘图比例无关。

2）图样中单位为 mm（毫米）时，不需标注。若采取其他单位，则必须注明。

3）图样中所注的尺寸为该图样的最后完工尺寸。

4）机件上的每个尺寸一般只标注一次，并应标在反映该结构最清晰的图形上。

（2）尺寸的组成　一个完整的尺寸，一般由尺寸界线、尺寸线和尺寸数字组成，如

图1-13所示。

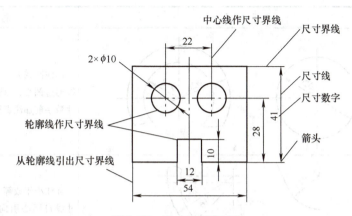

图1-13　尺寸的标注示例

1）尺寸界线。尺寸界线表示尺寸的度量范围，一般用细实线绘出，由轮廓线及轴线、中心线引出，也可利用轴线、中心线和轮廓线作尺寸界线。尺寸界线一般应与尺寸线垂直，必要时才允许倾斜。

2）尺寸线。尺寸线表示所注尺寸的度量方向和长度，必须用细实线单独绘出，不能由其他线代替。尺寸线与轮廓线相距5～10mm，尺寸界线应超出尺寸线2～3mm。

尺寸线终端有箭头和斜线两种形式。在同一张图样上只能采用一种尺寸线终端形式，如图1-14所示。机械图样上的尺寸线终端一般为箭头（图1-14中 d 为粗实线的宽度），箭头表明尺寸的起、止，其尖端应与尺寸界线接触，尽量画在所注尺寸的区域之内。在同一张图样中，箭头大小应一致，当没有足够的地方画箭头时，可用小圆点代替。采用斜线时，尺寸线与尺寸界线必须互相垂直，斜线用细实线绘制（图1-14中 h 为字体高度）。

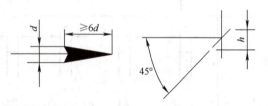

图1-14　尺寸线的终端形式

3）尺寸数字。尺寸数字表示机件尺寸的实际大小，一般采用3.5号字，且同一张图样上，尺寸数字字高应保持一致。

线性尺寸的数字通常注写在尺寸线的上方或中断处，尺寸数字不可被任何图线所通过，当不可避免时，需将图线断开；当图中没有足够的地方标注尺寸时，可引出标注。

常用尺寸标注示例见表1-6。

表1-6　常用尺寸标注示例

标注内容	示　　例		说　　明
线性尺寸	a)	b)	尺寸线必须与所标注的线段平行，大尺寸要标注在小尺寸的外面，尺寸数字应按图a中所示的方向标注。如果尺寸线在图示30°范围内，则应按图b的形式标注

（续）

标注内容		示　例	说　明
圆弧	直径尺寸		标注圆或大于半圆的圆弧时，尺寸线通过圆心，以圆周为尺寸界线，尺寸数字前加注直径符号"φ"
	半径尺寸		标注小于或等于半圆的圆弧时，尺寸线自圆心引向圆弧，只画一个箭头，尺寸数字前加注半径符号"R"
大圆弧			当圆弧的半径过大或在图样范围内无法标注其圆心位置时，可采用折线形式。若圆心位置不需要注明时，则尺寸线可只画靠近箭头的一段
小尺寸			对于小尺寸在没有足够的位置画箭头或标注数字时，箭头可画在外面，或用小圆点代替两个箭头；尺寸数字也可采用旁注或引出标注
球面			标注球面的直径或半径时，应在尺寸数字前分别加注符号"Sφ"或"SR"
弦长和弧长			标注弦长和弧长时，其尺寸界线应平行于该弦的垂直平分线。弧长的尺寸线为同心弧，并应在尺寸数字旁加注符号"⌒"

（续）

标注内容	示　例	说　明
只画一半或大于一半时的对称机件	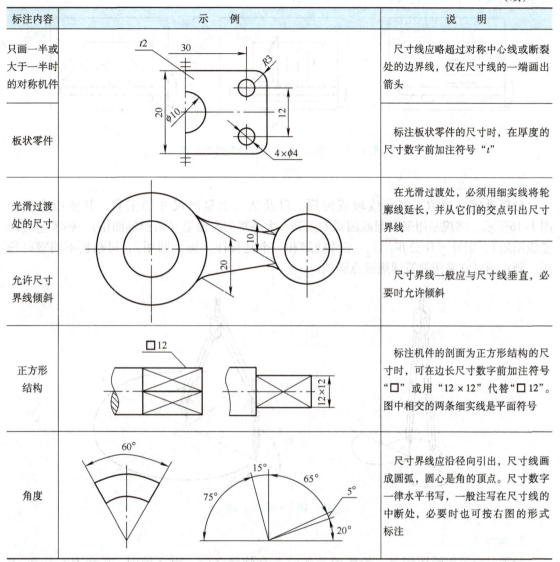	尺寸线应略超过对称中心线或断裂处的边界线，仅在尺寸线的一端画出箭头
板状零件		标注板状零件的尺寸时，在厚度的尺寸数字前加注符号"t"
光滑过渡处的尺寸		在光滑过渡处，必须用细实线将轮廓线延长，并从它们的交点引出尺寸界线
允许尺寸界线倾斜		尺寸界线一般应与尺寸线垂直，必要时允许倾斜
正方形结构		标注机件的剖面为正方形结构的尺寸时，可在边长尺寸数字前加注符号"□"或用"12×12"代替"□12"。图中相交的两条细实线是平面符号
角度		尺寸界线应沿径向引出，尺寸线画成圆弧，圆心是角的顶点。尺寸数字一律水平书写，一般注写在尺寸线的中断处，必要时也可按右图的形式标注

三、常用绘图工具的使用

1. 图板

图板是画图时的垫板，用来铺放、固定图纸的，因此要求板面平整光滑，用作导边的左侧边必须平直，如图 1-15 所示。

2. 丁字尺

丁字尺由尺头和尺身组成。绘图时尺头内侧必须靠紧图板的导边，用手推动丁字尺上、下移动，由左至右画水平线。图纸用胶带纸固定在图板上。丁字尺与图板配合使用，它主要用于画水平线和作为三角板移动的导边，如图 1-15 所示。

3. 三角板

45°三角板及30°（60°）的三角板与丁字尺配合使用，可绘制垂直线，30°、45°、60°及与水平线成15°倍角的直线，如图1-15所示。

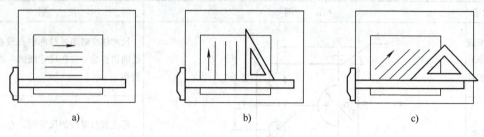

a)　　　　　　　　　　　b)　　　　　　　　　　　c)

图1-15　图板、丁字尺和三角板的使用

4. 分规和圆规

分规是用来量取、等分线段或圆周，以及从尺上量取尺寸的工具，其使用方法如图1-16所示。圆规是用来画圆或圆弧的工具。大圆规配有铅笔（画铅笔图用）、鸭嘴笔（画墨线图用）、钢针（作分规用）、三种插脚和一个延长杆（画大圆用），可根据不同需要选用。画小圆时宜采用弹簧圆规或点圆规。

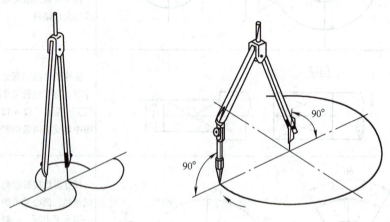

图1-16　分规和圆规

5. 铅笔

绘图时应采用绘图铅笔，绘图铅笔的铅芯有软硬之分，用字母 H、B 和 HB 表示，B（或 H）前面的数字越大，表示铅芯越软（或越硬）。画粗线常用 B 或 HB 铅笔，画细线常用 H 或 2H 铅笔，写字常用 HB 或 H 铅笔，画底稿时建议用 2H 铅笔。

四、几何作图

1. 线段等分

将线段等分的方法如图1-17所示，步骤如下：

1）过已知直线段 *AB* 的一个端点 *A* 任作一射线 *AC*，由此端点起在射线上以任意长度截取 4 等分。

2）将射线上的等分终点与已知直线段的另一端点连线，并过射线上各等分点作此连线的平行线与已知直线段相交，交点即为所求。

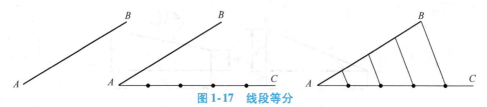

图 1-17　线段等分

2. 圆周等分及作正多边形

1）将圆周六等分及作正六边形，作法如图 1-18 所示。

2）将圆周三等分及作正三角形，作法如图 1-19 所示。

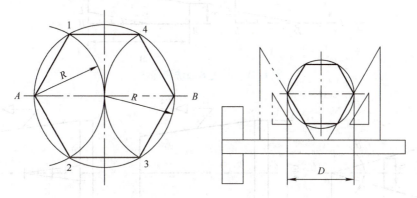

图 1-18　正六边形作法

3）作正五边形，作法如图 1-20 所示。

3. 斜度和锥度

（1）斜度　斜度是指一直线对另一直线或一平面对另一平面的倾斜程度。斜度 $= \tan\alpha = \dfrac{H}{L} = \dfrac{1}{(L/H)}$，在图样中通常以 $1:n$ 的形式标注。在图样中标注斜度时，在比值前加符号"∠"，并使符号"∠"的指向与斜度方向一致，如图 1-21 所示。

（2）锥度　锥度是指圆锥的底面直径与锥体高度之比，以 $1:n$ 的形式标注。如果是圆台，则为上、下两底圆的直径差与锥台高度之比值，即锥度 $= \dfrac{D}{L} = \dfrac{D-d}{l} = 2\tan\dfrac{\alpha}{2}$。锥度的画法和标注如图 1-22 所示。

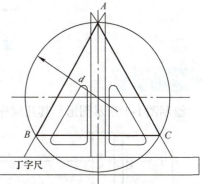

图 1-19　三等分圆周及作内接正三角形

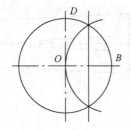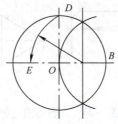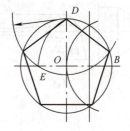

图 1-20　正五边形作法

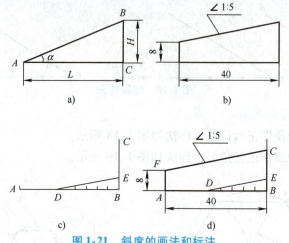

图 1-21   斜度的画法和标注

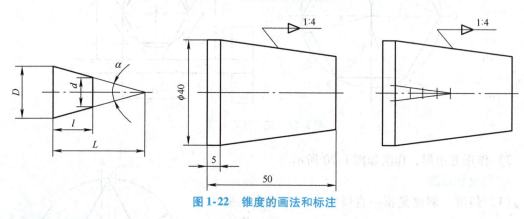

图 1-22   锥度的画法和标注

【任务指导】

绘制图 1-1 所示图形，其几何作图过程如图 1-23 所示。

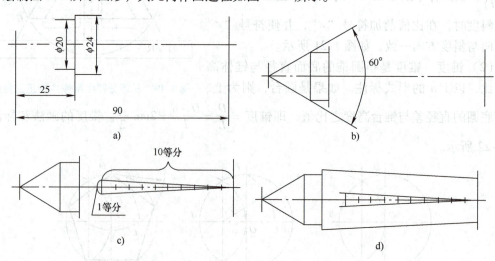

图 1-23   几何作图过程

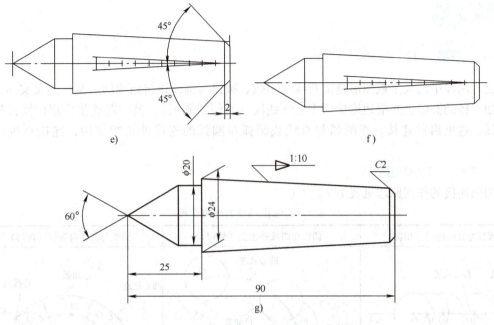

图 1-23　几何作图过程（续）

任务 2　绘制平面几何图形

【任务目标】

1）掌握平面图形的基本知识。

2）掌握圆弧连接的基本方法。

3）能对平面图形进行尺寸分析与线段分析。

4）能正确绘制平面图形。

【任务要求】

绘制如图 1-24 所示的手柄平面图形。

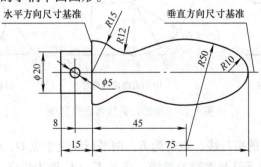

图 1-24　手柄平面图形

【知识链接】

一、圆弧连接

工程图样中的大多数图形是由直线与圆弧、圆弧与圆弧连接而成的。圆弧连接实际上是用已知半径的圆弧去光滑地连接两个已知线段（直线或圆弧）。其中起连接作用的圆弧称为连接弧。这里讲的连接，指圆弧与直线或圆弧与圆弧的连接处是相切的，连接点也称为切点。

1. 圆弧连接的作图原理

圆弧连接的作图原理见表1-7。

表1-7 圆弧连接的作图原理

圆弧与直线连接（相切）	圆弧与圆弧外连接（外切）	圆弧与圆弧内连接（内切）
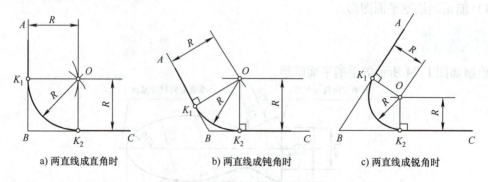		
连接圆弧圆心的轨迹是与已知直线距离为 R 的平行线，自圆心向已知直线作垂线，其垂足即为连接点（切点）K	连接圆弧圆心的轨迹为已知圆弧的同心圆，其半径为 $R_1 + R$，切点为两圆心连线与已知圆弧的交点 K	连接圆弧圆心的轨迹为已知圆弧的同心圆，其半径为 $R_1 - R$，切点为两圆心连线的延长线与已知圆弧的交点 K

因此，在作图时，必须根据连接弧的几何性质，准确地求出连接弧的圆心和切点的位置，才能正确画出连接圆弧。

2. 圆弧连接的常见形式

（1）用圆弧连接两已知直线 （图1-25）

a) 两直线成直角时　　b) 两直线成钝角时　　c) 两直线成锐角时

图1-25 用圆弧连接两已知直线

1）作两条已知直线的平行线，距离为 R，两平行线交于点 O，O 点即为圆心。

2）过 O 点分别作两条已知直线的垂线，垂足 K_1、K_2 即为切点。

3）以 O 点为圆心，R 为半径，过 K_1、K_2 点作连接圆弧。

（2）作半径为 R 的圆弧与两已知圆外切 半径为 R 圆弧的圆心轨迹为已知圆弧的同心圆，该圆的半径为两圆半径之和，切点在两圆心的连线与已知圆弧的交点处，如图 1-26 所示。

1）找圆心：以 O_1 点为圆心、R_1+R 为半径作圆弧，以 O_2 点为圆心、R_2+R 为半径作圆弧，两圆弧交点 O_3 即为圆心。

2）找切点：分别连线 O_1O_3 和 O_2O_3，与两已知圆的交点即为切点。

3）作圆弧：以 O_3 点为圆心，过两切点作半径为 R 的圆弧。

（3）作半径为 R 的圆弧与两已知圆内切 半径为 R 圆弧的圆心轨迹为已知圆弧的同心圆，该圆的半径为两圆半径之差。切点在两圆心连线的延长线与已知圆弧的交点处，如图 1-27 所示。

1）找圆心：以 O_1 点为圆心、$R-R_1$ 为半径作圆弧，以 O_2 点为圆心、$R-R_2$ 为半径作圆弧，两圆弧交点 O_3 即为圆心。

2）找切点：分别连线 O_1O_3 和 O_2O_3 并延长，与两已知圆的交点即为切点。

3）作圆弧：以 O_3 点为圆心，过两切点作半径为 R 的圆弧。

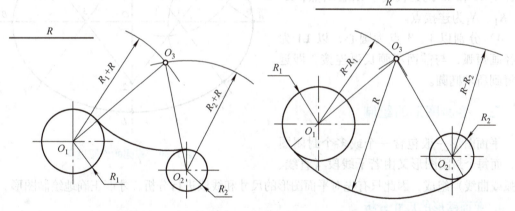

图 1-26　作半径为 R 的圆弧与两已知圆外切　　图 1-27　作半径为 R 的圆弧与两已知圆内切

（4）作半径为 R 的圆弧与两已知圆内、外切 绘制步骤如图 1-28 所示。

（5）用圆弧连接直线与圆弧 R_1（圆心为 O_1） 绘制步骤如图 1-29 所示。

二、椭圆画法

椭圆是常见的非圆曲线，由于一些机件具有椭圆形结构，因此在作图时应掌握椭圆的画法。画椭圆的方法比较多，在实际作图中常用的有同心圆法和四心近似法。下面介绍四心近似法。

如图 1-30 所示，已知长轴 AB、短轴 CD，用四心近似法画椭圆。

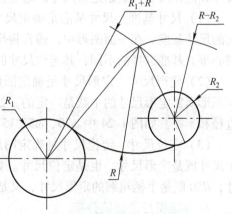

图 1-28　作半径为 R 的圆弧与两已知圆内、外切

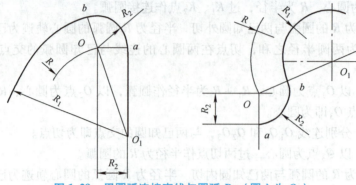

图 1-29　用圆弧连接直线与圆弧 R_1（圆心为 O_1）

1）连接 AC，取 $CF = OA - OC$。

2）作 AF 的垂直平分线，交两轴于 1、2 两点，并分别取对称点 3、4。

3）分别以 2、3 点为圆心、2C 长为半径画长弧，交 21 和 23 的延长线于 K、N 点，交 41 和 43 的延长线于 K_1、N_1 点；K、N、K_1、N_1 为连接点。

4）分别以 1、3 点为圆心，以 1A 为半径画短弧，与前面所画长弧连接，即近似得到所求椭圆。

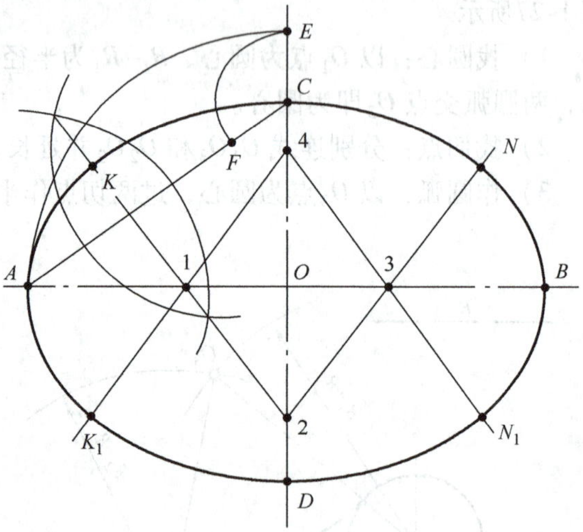

三、平面图形的绘制

平面图形一般包含一个或多个封闭图形，而每个封闭图形又由若干线段（直线、圆弧或曲线）组成，因此只有先对平面图形的尺寸和线段进行分析，才能正确地绘制图形。

图 1-30　椭圆的作图过程

1. 平面图形的尺寸分析

尺寸决定了平面图形各组成部分的形状、大小和相对位置。尺寸按作用分为两类：定形尺寸和定位尺寸，确定定位尺寸的起点称为基准。

（1）尺寸基准　尺寸基准是确定尺寸位置的几何元素，平面图形有水平和垂直两个方向的尺寸基准。在平面图形中，通常将尺寸基准选取为图形的对称中心线、图形的轮廓线、圆心等。基准选择的不同，其定位尺寸的标注也就不同。

（2）定形尺寸　定形尺寸是确定图形中各线段形状、大小的尺寸，一般情况下确定几何图形所需定形尺寸的个数是一定的，如矩形的定形尺寸是长和宽，圆和圆弧的定形尺寸是直径和半径。如图 1-24 中 $\phi20$、$\phi5$、15、$R15$、$R12$、$R50$、$R10$ 等为定形尺寸。

（3）定位尺寸　定位尺寸是确定图形中各线段间相对位置的尺寸。必须注意，有时一个尺寸既是定形尺寸，也是定位尺寸。如图 1-24 中，尺寸 8 是确定 $\phi8$ 小圆位置的定位尺寸；$R50$ 既是手柄粗细的定形尺寸，又是 $R50$ 圆弧的定位尺寸。

2. 平面图形的线段分析

绘制平面图形时，要对组成平面图形的各线段的形状和位置进行分析，找出连接关系，明确哪些线段可以直接画出，哪些线段需要通过几何作图才能画出，即对平面图形进行线段分析，以确定平面图形的画法和步骤。

在平面图形中，线段可分为以下三种类型。

（1）已知线段　已注有齐全的定形尺寸和定位尺寸的线段为已知线段，不依靠与其他线段的连接关系即可画出。如给出圆弧半径（直径）及圆心两个方向定位尺寸的圆弧为已知弧，如图 1-24 中的 $\phi 5$ 圆、$R10$ 圆弧、$R15$ 圆弧、$\phi 20$ 线段等。

（2）中间线段　已注出定形尺寸和一个方向的定位尺寸，必须依靠相邻线段间的连接关系才能画出的线段为中间线段。如给出圆弧半径（直径）及圆心一个方向定位尺寸的圆弧即为中间弧，如图 1-24 中的 $R50$ 圆弧。

（3）连接线段　只注出定形尺寸，未注出定位尺寸的线段为连接线段，其定位尺寸需根据该线段与相邻两线段的连接关系，通过几何作图方法求出。如图 1-24 中的 $R15$ 圆弧。

3. 平面图形的作图步骤

在对平面图形进行线段分析的基础上，应先画出已知线段，再画出中间线段，后画出连接线段。

【任务指导】

图 1-31 所示为图 1-24 所示手柄平面图形的作图步骤。

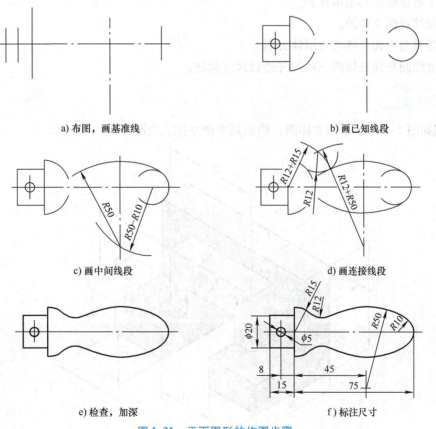

图 1-31　平面图形的作图步骤

项目2

绘制简单形体三视图

【任务目标】

1）了解投影法的基本知识。
2）能够看懂立体图。
3）能够对平面立体进行形体分析。
4）能绘制平面立体的三视图并进行尺寸标注。

【任务要求】

根据如图2-1所示平面立体图，绘制其平面立体三视图。

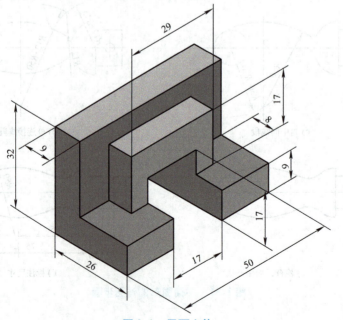

图2-1　平面立体

20

【知识链接】

一、投影法的基本知识

1. 概述

投影法是指投射线通过物体向选定的面投射，并在该面上得到图形的方法。

如图 2-2 所示，设光源 S 为投射中心，平面 P 为投影面，在光源 S 和平面 P 之间有空间点 A、B、C、D，连接 SA、SB、SC、SD 并延长与平面 P 相交于点 a、b、c、d。点 a、b、c、d 就是空间点 A、B、C、D 的投影，SA、SB、SC、SD 称为投影线。这种投影线通过物体，向选定的面投射，并在该面上得到图形的方法称为投影法。根据投影法得到的图形，称为投影。

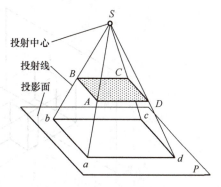

图 2-2 投影法

2. 投影法的分类

（1）中心投影法　投射线从投射中心发出的投影法称为中心投影法，得到的投影称为中心投影。

（2）平行投影法　投射线相互平行的投影法称为平行投影法，得到的投影称为平行投影。根据投射线与投影面的相对位置，平行投影法分为以下几种：

1）斜投影法：投射线与投影面相倾斜。由斜投影法得到的投影称为斜投影。

2）正投影法：投射线与投影面相垂直的平行投影法。由正投影法得到的投影称为正投影。

正投影法用来绘制工程图样，所以机械制图的基础是正投影法。

3. 正投影法的投影特性

1）真实性。当直线或平面图形平行于投影面时，其投影反映直线的实长或平面图形的实形，如图 2-3a 所示。

2）积聚性。当直线或平面图形垂直于投影面时，直线投影积聚成一点，平面图形的投影积聚成一条直线，如图 2-3b 所示。

3）类似性。当直线或平面图形倾斜于投影面时，直线的投影仍为直线，但小于实长。平面图形的投影小于真实形状，但类似于平面图形，图形的基本特征不变，如多边形的投影仍为多边形，如图 2-3c 所示。

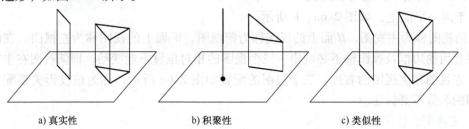

a) 真实性　　　　　　b) 积聚性　　　　　　c) 类似性

图 2-3 正投影法的投影特性

二、三视图的形成及其投影规律

1. 三投影面体系的建立及三视图的形成

一般工程图样采用正投影法绘制，用正投影法绘制出物体的图形称为视图。通常，单个视图不能确定物体的形状，如图 2-4 所示。要反映物体的真实形状，必须增加不同方向的投影面，通过多个视图相互补充来完整表达物体形状。

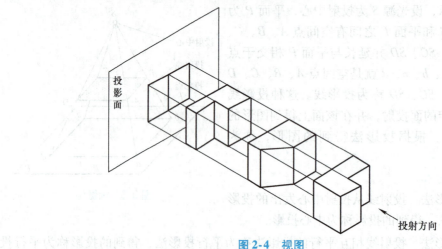

图 2-4　视图

工程上常用三面视图进行表达，如图 2-5 所示。三个互相垂直的投影面，分别为正立投影面 V（简称正面）、水平投影面 H（简称水平面）、侧立投影面 W（简称侧面）。三个投影面的交线 OX、OY、OZ 也互相垂直，分别代表长、宽、高三个方向，称为投影轴。把物体放在观察者与投影面之间，按正投影法向各投影面投射，即可分别得到正面投影、水平投影和侧面投影。

为了使得到的三个投影处于同一平面上，保持 V 面不动，将 H 面绕 OX 轴向下旋转 90°，W 面绕 OZ 轴向右旋转 90°，与 V 面处于同一平面上，如图 2-6a、b 所示。

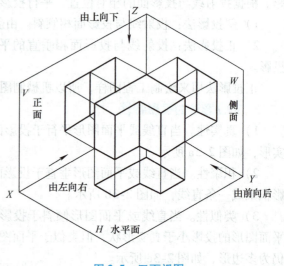

图 2-5　三面视图

V 面上的视图称为主视图，H 面上的视图称为俯视图，W 面上的视图称为左视图。在画视图时，投影面的边框及投影轴不必画出，三个视图的相对位置不能变动，即俯视图在主视图的下边，左视图在主视图的右边。三个视图的配置如图 2-6c 所示，称为按投影关系配置，三个视图的名称不必标注。

2. 三视图的投影规律

物体有长、宽、高三个方向的尺寸。物体左右间的距离为长度（X），前后间的距离为

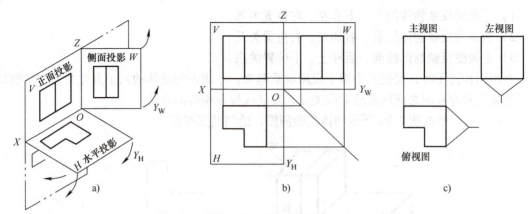

图 2-6　三视图的形成

宽度（Y），上下间的距离为高度（Z），如图 2-7a 所示。一个视图只能反映物体两个方向的尺寸，如图 2-7b、c 所示。主视图反映物体的长和高，俯视图反映物体的长和宽，左视图反映物体的宽和高。由此，可归纳出三视图间的投影规律：主视图和俯视图长对正；主视图和左视图高平齐；俯视图和左视图宽相等。这也是画图和看图的主要依据。

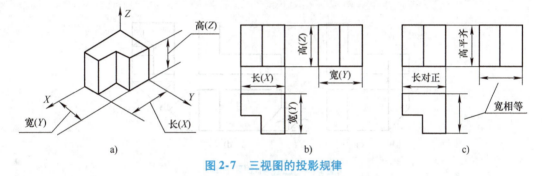

图 2-7　三视图的投影规律

3. 方位关系

物体有上、下、左、右、前、后六个方位，如图 2-8a 所示。由图 2-8b 可知：

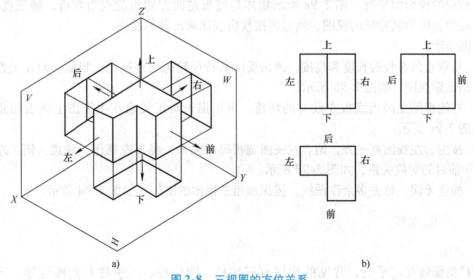

图 2-8　三视图的方位关系

1）主视图反映物体的上、下和左、右位置关系。

2）俯视图反映物体的前、后和左、右位置关系。

3）左视图反映物体的前、后和上、下位置关系。

在画图和读图时，要把其中两个视图联系起来，才能表明物体的六个方位关系，特别要注意俯视图和左视图之间的前后对应关系，及其保持宽相等的方法。

【例2-1】 根据图2-9a所示物体的轴测图，绘制其三视图。

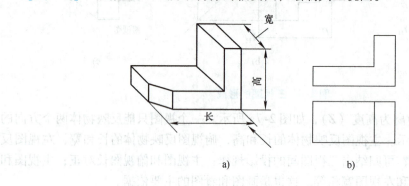

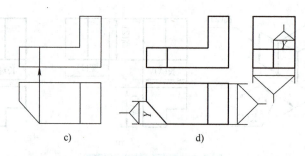

图2-9 三视图作图步骤

画物体的三视图，首先要根据物体的形状特征选择主视图的投射方向，并使物体的主要表面与相应的投影面平行。图2-9a所示物体是底板左前方切角的直角弯板，画三视图时，应先画反映物体形状特征的视图，然后再按投影规律画出其他视图。

作图步骤：

1）量取直角弯板的长度和高度，画出反映其特征轮廓的主视图，根据长对正关系，量取宽度画出俯视图，如图2-9b所示。

2）在俯视图上画出底板左前方的切角，再根据长对正关系在主视图上画出切角的图线，如图2-9c所示。

3）按主、左视图高平齐，俯、左视图宽相等的关系，画出左视图。**注意**：俯、左视图上"Y"前后的对应关系，如图2-9d所示。

4）检查无误，擦去多余作图线，描深加粗三视图的图线，如图2-9d所示。

三、平面立体

1. 棱柱

棱柱的棱线互相平行，常见的棱柱有三棱柱、四棱柱、五棱柱和六棱柱等。下面以

图2-10所示正六棱柱为例，分析其投影特性和作图方法。

（1）形状和位置 正六棱柱的顶面和底面是两个相互平行的正六边形，六个侧棱面均为矩形，各侧棱面均与顶面和底面垂直。为便于作图，选择六棱柱的顶面、底面平行于水平面，并使其中的两个侧棱面与 V 面平行。

（2）投影分析 画平面立体的投影就是要画出各棱面、棱线和顶点的投影。图2-10中，H 面投影是一个正六边形，它反映了正六棱柱顶面和底面的实形，六条边分别是六个棱面的积聚投影。在 V 面投影中，上、下两条横线是顶面和底面的积聚投影，四条竖线是六条棱线的投影，三个封闭的线框是棱面的投影，中间的线框反映了棱面的实形。在 W 面的投影中，上、下两条横线是顶面和底面的积聚投影，三条竖线中，左、右两条分别是前、后棱面的积聚投影，中间一条是六棱柱左、右棱线的投影。

（3）作图步骤 用对称中心线或基准线确定各视图的位置后，首先用细线画六棱柱的 H 面投影——正六边形；再根据长对正的投影关系和六棱柱的高度画出 V 面投影；然后由高平齐以及宽相等的投影关系画出其 W 面投影；最后检查并描粗图线，即得正六棱柱的三视图。

（4）表面上取点 如图2-10所示，正六棱柱的各个表面都处于特殊位置，因此，在表面上取点可利用积聚性原理作图。已知正六棱柱表面上点 M 的正面投影 m'，要求作出其他两面投影 m 和 m''。由于点 M 的正面投影是可见的，因此点 m 必在 $a(d)b(c)$ 上。由点的投影规律，根据 m' 和 m 即可求出 m''。因点 M 所在表面 $ABCD$ 的侧面投影可见，故 m'' 可见。

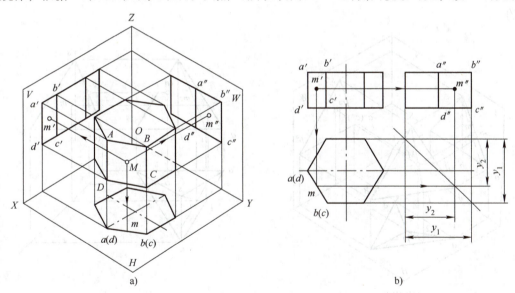

图2-10 六棱柱的投影

2. 棱锥

棱锥的棱线交于一点，常见的棱锥有三棱锥、四棱锥、五棱锥等。下面以图2-11a所示正三棱锥为例，分析其投影特性和作图方法。

（1）形状和位置 图2-11a所示是一个正三棱锥的投影。该三棱锥的底面为等边三角形，三个侧面为全等的等腰三角形，将其放置为底面平行于水平面，并有一个侧面垂直于 W 面。

（2）投影分析　由于三棱锥底面△ABC为水平面，所以它的H面投影△abc反映了底面的实形，V面和W面投影分别积聚成平行于X轴和Y轴的直线段a'b'c'和a"(c")b"。锥体的后侧面△SAC为侧垂面，它的W面投影积聚为一段斜线s"a"(c")，它的V面和H面投影为类似形△s'a'c'和△sac，前者为不可见，后者为可见。左、右两个侧面为一般位置面，它在三个投影面上的投影均是类似形。

（3）作图步骤　画三棱锥三视图时，一般先画底面的各个投影，然后确定锥顶S的各个投影，同时将它与底面各顶点的同名投影连接起来，即可完成三视图。

（4）表面上的点　凡特殊位置表面上的点，可利用投影的积聚性直接求得；而位于一般位置表面上的点，可通过在该面上作辅助线的方法求得。

如图2-11b所示，已知棱面△SAB上M点的V面投影m'和棱面△SAC上N点的H面投影n，求作M、N两点的其余投影。

由于N点所在的棱面△SAC为侧垂面，可利用该平面在W面上的积聚投影求得n"，再由n和n"求得（n'）。由于N点所属棱面△SAC的V面投影不可见，所以（n'）为不可见。

M点所在平面△SAB为一般位置平面，可按图2-11a所示，过锥顶S和M点引一直线SI，作出SI的有关投影，就可根据点与直线的从属性质求得点的相应投影。具体作图时，过m'点引s'1'，由s'1'求作H面投影s1，再由M点引投影连线交于s1上m点，最后由m'和m求得m"。

由于M点所属棱面△SAB在H面和W面上的投影都是可见的，所以m和m"也是可见的。

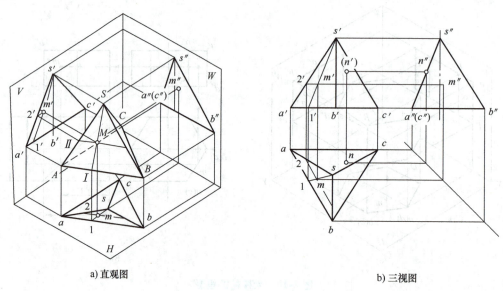

a) 直观图　　　　　　　　　　　　　　　　b) 三视图

图2-11　正三棱锥的投影

四、平面与平面立体相交

平面与平面立体相交而产生的交线称为截交线。求平面立体的截交线就是要找出平面立体上被截棱线的截断点，然后依次连接这些截断点，可得到该平面体的截交线。

【例2-2】　图2-12所示为四棱锥被一正垂面 P 截断，求作截交线。

四棱锥被正垂面 P 斜切，截交线为四边形，其四个顶点分别是四条侧棱与截平面的交点。因此，只要求出截交线四个顶点在各投影面上的投影，然后依次连接各点的同名投影，即得截交线的投影。

作图步骤：

① 因截断面的正面投影积聚成直线，可直接求出截交线各点的正面投影（1′）、2′、3′、（4′）。

② 根据直线上点的投影规律，求出各顶点的水平投影 1、2、3、4 和侧面投影 1″、2″、3″、4″。

③ 依次连接各顶点的同名投影，即得截交线的投影。

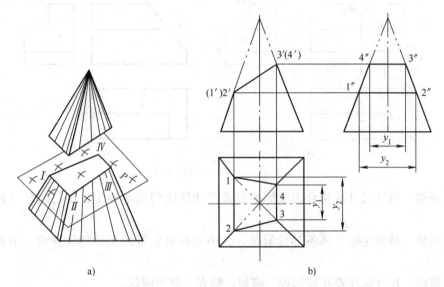

a)　　　　　　　　　　　　b)

图2-12　四棱锥的投影

【例2-3】　图2-13a所示为 L 形六棱柱被正垂面 P 切割，求作切割后六棱柱的三视图。

正垂面 P 切割 L 形六棱柱，与六棱柱的六个棱面都相交，所以截交线为六边形。如图2-13b所示，平面 P 垂直于正面，截交线的正面投影积聚在 P' 上。因为六棱柱六个棱面的侧面投影都有积聚性，所以截交线的正面投影和侧面投影均为已知，仅需作截交线的水平投影。

作图步骤：

① 参照立体图，在主、左视图上标注已知各点的正面投影和侧面投影（图2-13b）。

② 由已知各点的正面和侧面投影作水平投影 a、b、c、d、e、f（图2-13c）。

③ 擦去作图线，描深六棱柱被切割后的图线。值得注意的是，截交线的水平投影和侧面投影为六边形的类似形（L 形），如图2-13d所示。

五、基本体尺寸标注

视图只能表示物体的形状，物体的大小则由标注尺寸来确定。组合体尺寸标注的要求是正确、完整、清晰、合理。

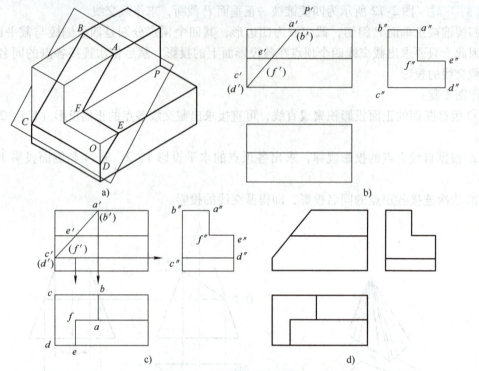

图 2-13　正垂面切割六棱柱

（1）正确　所注尺寸应符合国家标准有关尺寸注法的基本规定，注写的尺寸数字要正确无误。

（2）完整　将确定组合体各部分形状、大小及相对位置的尺寸标注齐全，不遗漏，不重复。

（3）清晰　尺寸标注要布置匀称、清楚、整齐，便于阅读。

（4）合理　所注尺寸应符合形体构成规律与要求，便于加工和测量。

要掌握组合体的尺寸标注，必须先了解基本体的尺寸标注方法。常见基本体的尺寸注法如图 2-14 所示。需要注意的是，有些基本体的尺寸中有相互关联的尺寸，如正六棱柱底面的对边距和对角距相关联，因此底面尺寸只标注对边距（或对角距）。

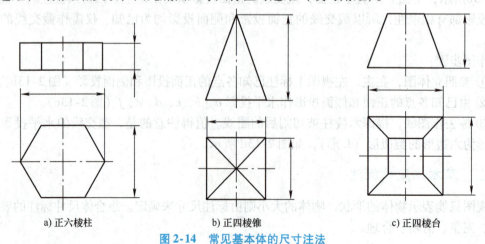

a) 正六棱柱　　　　　　　b) 正四棱锥　　　　　　　c) 正四棱台

图 2-14　常见基本体的尺寸注法

【任务指导】

图 2-1 所示平面立体的三视图绘图步骤见表 2-1。

表 2-1　平面立体三视图绘图步骤

图　示	实施步骤
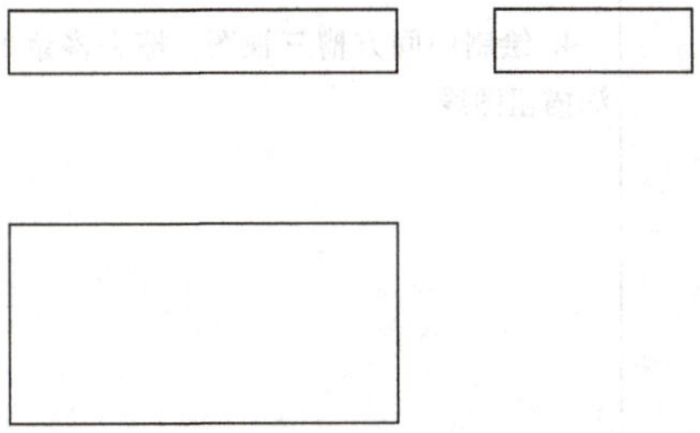	1. 绘制底板三视图
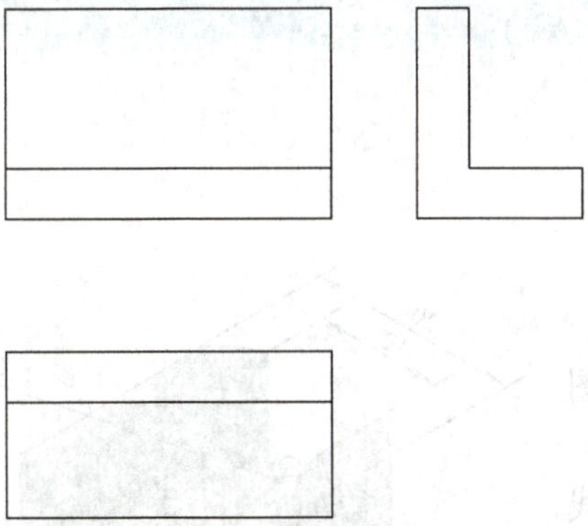	2. 绘制后方竖板三视图
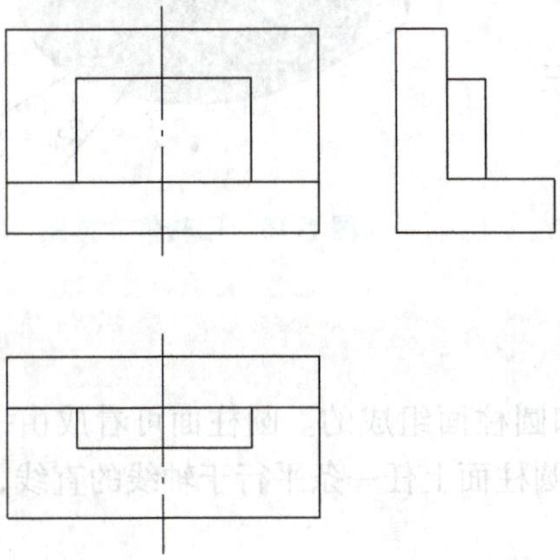	3. 绘制中间小竖板三视图

（续）

图　示	实施步骤
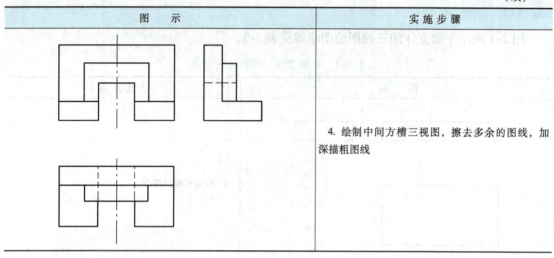	4. 绘制中间方槽三视图，擦去多余的图线，加深描粗图线

任务 2　绘制回转体三视图

【任务目标】

1）能够看懂立体图。

2）能够对回转体进行形体分析。

3）掌握圆柱、圆锥等常见回转体的三视图画法。

4）掌握圆柱、圆锥等常见回转体的截交线画法。

5）能绘制回转体的三视图并进行尺寸标注。

【任务要求】

根据如图 2-15 所示立体图，绘制回转体的三视图。

【知识链接】

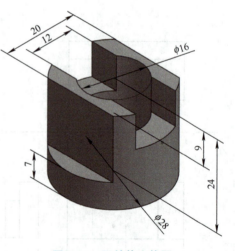

图 2-15　回转体立体图

一、圆柱

（1）圆柱面的形成　圆柱是由顶面、底面和圆柱面组成的。圆柱面可看成由一条母线绕与它平行的轴线回转而成，如图 2-16a 所示。圆柱面上任一条平行于轴线的直线，称为圆柱面的素线。

（2）投影分析　当圆柱轴线垂直于水平面时，圆柱上、下底面的水平投影反映实形，正面和侧面投影积聚成直线。圆柱面的水平投影积聚为一圆周，与两底面的水平投影重合，如图 2-16b 所示。

　　在正面投影中，前、后两半圆柱面的投影重合为一矩形，矩形的两条竖线分别是圆柱面最左、最右素线的投影，也是圆柱面前、后分界的转向轮廓线，中心线可以看作最前、最后两条素线的重合投影。在侧面投影中，左、右两半圆柱面的投影重合为一矩形，矩形的两条竖线分别是圆柱面最前、最后素线的投影，也是圆柱面左、右分界的转向轮廓线，中心线可看作最左、最右两条素线的重合投影。

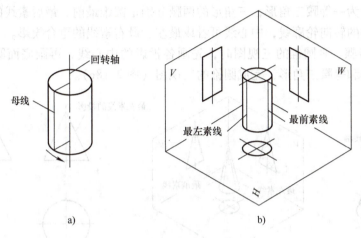

图 2-16　圆柱的形成

　　（3）作图步骤　画圆柱体的三视图时，先画各投影的中心线，再画圆柱面投影中具有积聚性的圆的俯视图，然后根据圆柱体的高度画出另外两个视图，如图 2-17a 所示。

　　（4）圆柱表面上的点　圆柱面上点的投影，均可用圆柱面投影的积聚性来作图，如图 2-17b所示。

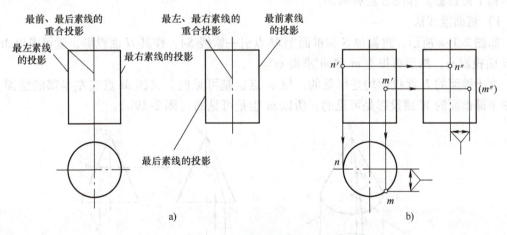

图 2-17　圆柱体的三视图

二、圆锥

　　（1）圆锥面的形成　圆锥面可看成一条直母线围绕与其相交成一定角度的轴线回转而

成，如图 2-18a 所示。在圆锥面上，通过锥顶的任一直线称为圆锥面的素线。

（2）投影分析 图 2-18b 所示为轴线垂直于水平面的正圆锥的三视图。锥底面平行于水平面，水平投影反映实形，正面和侧面投影积聚成直线。圆锥面的三个投影都没有积聚性，其水平投影与底面的水平投影重合，全部可见。正面投影由前、后两个半圆锥面的投影重合为一等腰三角形，三角形的两腰分别是圆锥面最左、最右素线的投影，也是圆锥面前、后分界的转向轮廓线，中心线可看成最前、最后素线的重合投影。侧面投影由左、右两半圆锥面的投影重合为一等腰三角形，三角形的两腰分别是圆锥最前、最后素线的投影，也是圆锥面左、右分界的转向轮廓线，中心线可看成最左、最右素线的重合投影。

（3）作图步骤 画圆锥的三视图时，先画各投影的中心线，再画底面圆的投影，然后画出锥顶的投影和等腰三角形，完成圆锥的三视图（图 2-18c）。

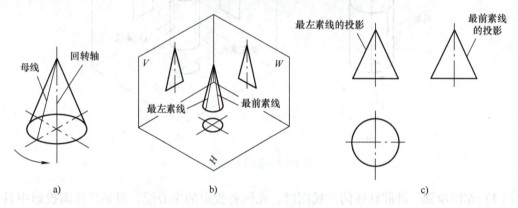

图 2-18 圆锥的三视图

（4）圆锥表面上的点 如图 2-19 所示，已知圆锥表面上点 M 的正面投影，求作其 H 面投影和 V 面投影。作图方法有两种：

1）辅助素线法。

如图 2-19a 所示，过锥顶 S 和锥面上 M 点引一素线 SA，作其 H 面投影，就可求出 M 点的 H 面投影 m，然后再根据 m 和 m' 求得 m''。

由于锥面的 H 面投影均是可见的，故 m 点也是可见的。又因 M 点在左半部的锥面上，而左半部锥面的 W 面投影是可见的，所以 m'' 也是可见的（图 2-19b）。

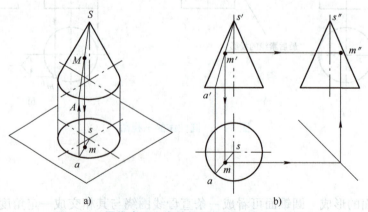

图 2-19 圆锥表面上点的投影作法（辅助素线法）

2）辅助纬圆法。

如图2-20a所示，可在锥面上过 *M* 点作一辅助纬圆，这个圆过 *M* 点垂直于圆锥轴线（平行于底面），*M* 点的各个投影必在此纬圆的相应投影上。

作图时，按图2-20b所示，在主视图上过点 *m'* 作水平线交圆锥轮廓线素线于 *a'b'*，即为辅助纬圆的 *V* 面投影。在俯视图中作辅助纬圆的 *H* 面投影，然后过点 *m'* 作 *X* 轴垂线交于该圆的下半个圆周上，得点 *m*。最后由 *m'* 和 *m* 求得 *m''*，并判断可见性，即为所求。

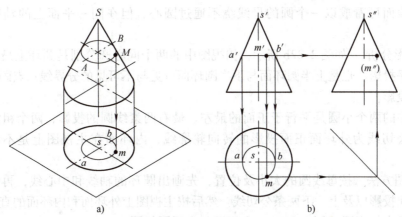

图2-20 圆锥表面上点的投影作法（辅助纬圆法）

三、圆球

（1）圆球面的形成 圆球面是以一个圆为母线，以其直径为轴线旋转而成的，如图2-21a所示。母线上任一点的运动轨迹均为圆，点在母线上位置不同，其圆的直径也不相同。球面上这些圆称为纬圆，最大纬圆称为赤道圆。

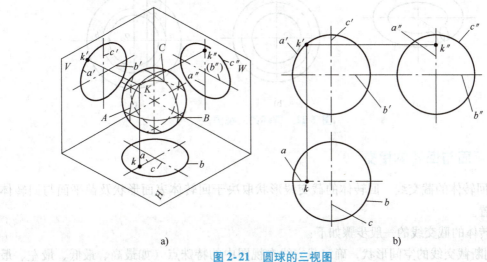

图2-21 圆球的三视图

（2）投影分析 圆球的三个视图都是等径圆，并且是圆球上平行于相应投影面的三个不同位置的最大轮廓圆，如图2-21a所示。正面投影的轮廓圆是前、后两半球面可见与不可见的分界线；水平投影的轮廓圆是上、下两半球面可见与不可见的分界线；侧面投影的轮廓圆是左、右两半球面可见与不可见的分界线。

（3）作图步骤　如图2-21b所示，先确定球心的三面投影，过球心分别作出圆球轴线的三面投影，再作出与球等直径的圆。

（4）圆球表面上的点　圆球表面上点的投影作法如图2-21b所示。

四、圆环

圆环的表面可看成以一个圆的母线绕不通过圆心、但在同一平面上的轴线回转而成（图2-22a）。

（1）投影分析　如图2-22b所示，俯视图中的两个同心圆分别是圆环上最大和最小两个纬圆的水平投影，也是上半圆环面与下半圆环面可见与不可见的分界线；点画线圆是母线圆心轨迹的投影。

主视图中的两个小圆是平行于正面的最左、最右两素线圆的投影，两个粗实线半圆及上、下两条公切线为外环面正面投影的转向轮廓线，内环面在主视图上是不可见的，画虚线。

（2）作图方法　按母线圆的大小及位置，先画出圆环的轴线和中心线，再作反映母线圆实形的正面投影以及上、下两条公切线。然后按主视图上外环面和内环面的直径，作俯视图上最大、最小轮廓圆（图2-22b）。左视图与主视图相同。

（3）圆环表面上的点　圆环表面上点的投影作法如图2-22c所示。

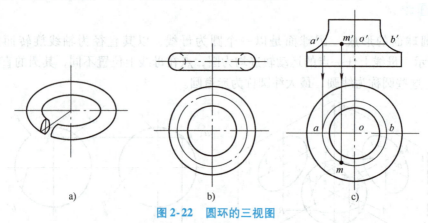

a) 　　　　　　　b) 　　　　　　　c)

图2-22　圆环的三视图

五、平面与回转体相交

（1）回转体的截交线　回转体的截交线形状取决于回转体表面形状及截平面与回转体的相对位置。

求回转体的截交线的一般步骤如下：

1）判断截交线的空间形状，确定截交线在视图中的特殊点（如最高、最低、最左、最右、最前、最后点及可见性的分界点等）。

2）求截交线的一般点。在回转体表面上取直素线或纬圆，求这些素线或纬圆与截平面的交点。

3）将这些交点光滑连成曲线。

4）判断截交线的可见性。

（2）圆柱的截交线　根据截平面对圆柱轴线的相对位置不同，圆柱的截交线可以有圆、矩形和椭圆三种情况，如图 2-23 所示。

1）当截平面与圆柱轴线平行时，截交线为矩形（图 2-23a）。

2）当截平面与圆柱轴线垂直时，截交线为圆（图 2-23b）。

3）当截平面与圆柱轴线倾斜时，截交线为椭圆（图 2-23c）。

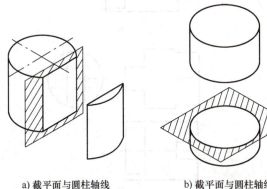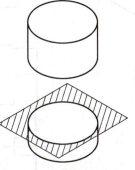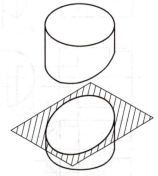

a) 截平面与圆柱轴线
平行，截交线为矩形

b) 截平面与圆柱轴线
垂直，截交线为圆

c) 截平面与圆柱轴线
倾斜，截交线为椭圆

图 2-23　平面与圆柱相交

【例 2-4】绘制图 2-24 所示圆柱被平面切割以后的三视图。

分析：图 2-24 所示为一个圆柱由左端开槽（中间被两个正平面和一个侧平面切割），右端切肩（上、下被水平面和侧平面对称地切去两块）而形成的，所产生的截交线为直线和平行于侧面的圆。

作图：作图步骤如图 2-25 所示。

1）作槽口的侧面投影（两条竖线），再按投影关系作槽口的正面投影。

2）作切肩的侧面投影（两条虚线），再按投影关系作切肩的水平投影。

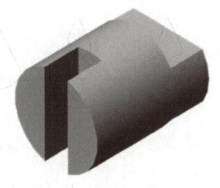

图 2-24　圆柱被平面切割立体图

3）擦去多余的图线，描深图线。图 2-25d 所示为完整的切割体三视图。

（3）圆锥的截交线　根据截平面的位置不同，圆锥的截交线有圆、椭圆、抛物线、双曲线和三角形五种情况，如图 2-26 所示。

1）当截平面与圆锥轴线垂直时，截交线为圆（图 2-26a）。

2）当截平面与圆锥轴线倾斜时，截交线为椭圆（图 2-26b）。

3）当截平面平行于圆锥面上一条素线时，截交线为抛物线加直线（图 2-26c）。

4）当截平面平行于圆锥轴线时，截交线为双曲线加直线（图 2-26d）。

5）当截平面过锥顶时，截交线为三角形（图 2-26e）。

【例 2-5】图 2-27 所示为用正平面切割圆锥，求截交线的作图方法。

分析：正平面 P 与圆锥轴线平行，截交线为双曲线加直线，其正面投影反映实形，水

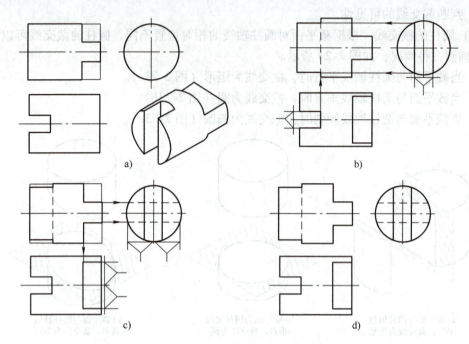

图 2-25　圆柱被平面切割作图步骤

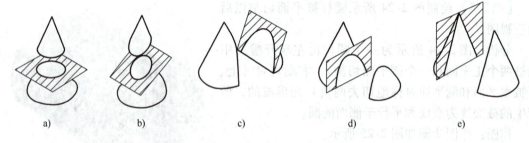

图 2-26　平面与圆锥相交

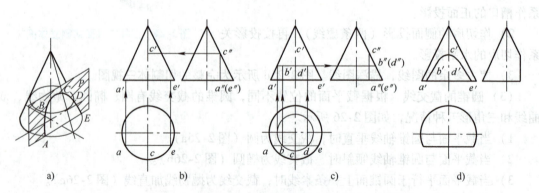

图 2-27　正平面切割圆锥

平投影和侧面投影积聚成直线。可用辅助纬圆法或辅助素线法求作截交线的正面投影。

1）求特殊点（图 2-27b）。最高点 C 是圆锥最前素线与 P 面的交点，利用积聚性直接

作侧面投影 c'' 和水平投影 c，由 c'' 和 c 作正面投影 c'；最低点 A、E 是圆锥底面与 P 面的交点，直接作 a、e 和 a''、(e'')，再作出 a' 和 e'，求中间点（图2-27c）。在适当位置作水平纬圆，该圆的水平投影与 P 面的水平投影的交点 b、d 即为交线上两点的水平投影，再作 b'、d' 和 b''、(d'')。

2）依次光滑连接 a'、b'、c'、d'、e'，即为截交线的正面投影（图2-27d）。

（4）圆球的截交线　用平面截圆球时，截交线的空间形状总是圆。根据截平面对投影面的位置的不同，圆球的截交线投影可能是反映其实形的圆，也可能是椭圆，或积聚为直线（图2-28）。

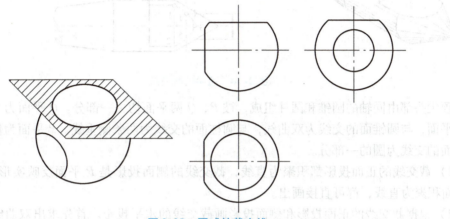

图2-28　圆球的截交线

【例2-6】　画出图2-29所示半圆球被截切的截交线。

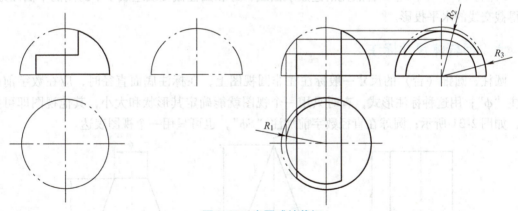

图2-29　半圆球被截切

半球的切口是由一个水平面和两个侧平面切割球面而形成的。两个侧平面与球面的交线各为一段平行于侧面的圆弧（半径分别为 R_2、R_3），而水平面与球面的交线为两段水平的圆弧（半径为 R_1）。

1）作切口的水平投影。切口底面的水平投影由两段半径相同的圆弧和两段积聚性直线组成，圆弧半径为 R_1，如图2-29所示。

2）作切口的侧面投影。切口的两侧面为侧平面，其侧面投影为圆弧，半径分别为 R_2、R_3，左边的侧面是保留下部的圆弧，右边的圆弧是保留上部的圆弧。底面为水平面，侧面投影积聚为一条直线。

（5）同轴回转体的截交线

【例2-7】 绘制图2-30所示顶尖的截交线。

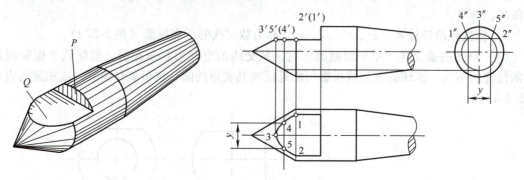

图 2-30 顶尖的截交线

顶尖头部由同轴的圆锥和圆柱组成，被 P、Q 两平面切去一部分。Q 平面为平行于轴线的水平面，与圆锥面的交线为双曲线，与圆柱面的交线为两条侧垂线。P 平面为侧平面，与圆柱面的交线为圆的一部分。

1）截交线的正面投影都积聚为直线，截交线的侧面投影是 P 平面反映实形的部分圆，Q 平面积聚为直线，都可直接画出。

2）根据截交线的正面投影和侧面投影画截交线的水平投影。首先求出双曲线上的三个特殊点1、2、3，再用辅助圆法求出双曲线上一般位置点4、5。

3）将1、4、3、5、2各点光滑连成双曲线，并和圆柱截交线组成一个封闭的平面图形，即得截交线的水平投影。

六、回转体尺寸标注

圆柱、圆锥（台）的尺寸一般标注在非圆视图上，在标注底面直径时，应在数字前面加注"ϕ"；用这种标注形式，有时只用一个视图就能确定其形状和大小，其他视图即可省略，如图2-31所示；圆球在直径数字前加注"$S\phi$"，也可只用一个视图表达。

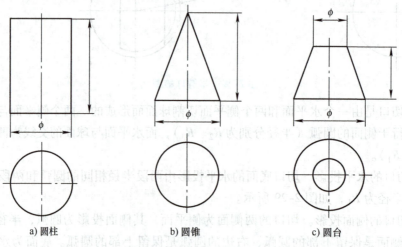

a) 圆柱   b) 圆锥   c) 圆台

图 2-31 回转体尺寸标注

当基本体被平面截切时，除标注基本体的尺寸外，还应标注截平面的位置尺寸，不允许直接标注截交线的尺寸。因为截平面与基本体的相对位置确定之后，截交线的形状和大小就唯一确定了，如图2-32中打"×"的即是错误标注。

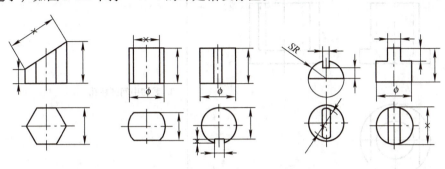

图2-32　切割体的尺寸标注

【任务指导】

图2-15所示回转体三视图的绘图步骤见表2-2。

表2-2　回转体三视图的绘图步骤

图　示	实　施　步　骤
	1. 绘制圆柱体三视图
	2. 截切左右对称两平面

（续）

图 示	实 施 步 骤
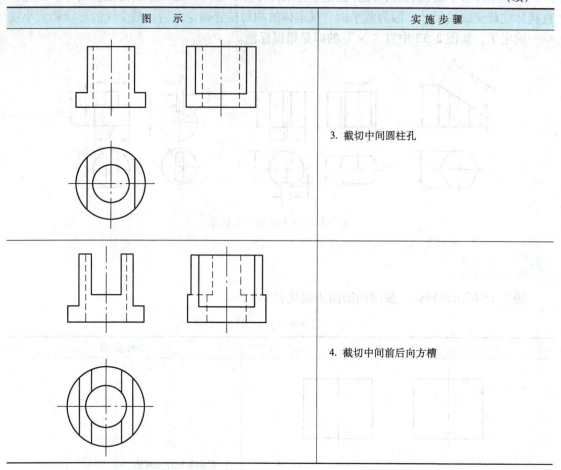	3. 截切中间圆柱孔
	4. 截切中间前后向方槽

任务 3　绘制相贯体三视图

【任务目标】

1）能够看懂立体图。

2）能够对相贯体进行形体分析。

3）掌握两圆柱正交相贯线的画法。

4）掌握相贯线的简化画法和特殊情况画法。

5）能绘制相贯体的三视图并进行尺寸标注。

【任务要求】

如图 2-33 所示，根据立体图绘制相贯体的三视图。

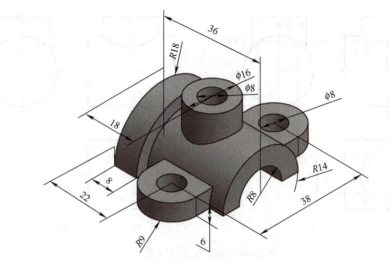

图 2-33　相贯体立体图

【知识链接】

一、两回转体正交

两回转体相交，表面产生的交线称为相贯线。

相贯线的性质：

1）相贯线是相贯的两立体表面的共有线，相贯线上的点是两立体表面的共有点。

2）相贯线一般是封闭的空间曲线，特殊情况下可能是平面曲线或直线。

1. 两圆柱正交

（1）作图分析　如图 2-34a 所示，两圆柱轴线垂直相交，直立圆柱的直径小于水平圆柱的直径，其相贯线为封闭的空间曲线，且前后、左右对称。

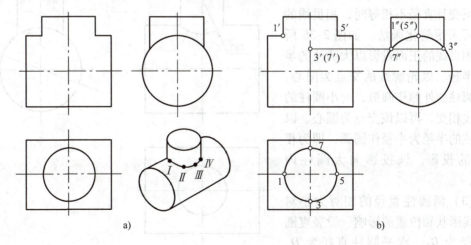

图 2-34　两圆柱正交

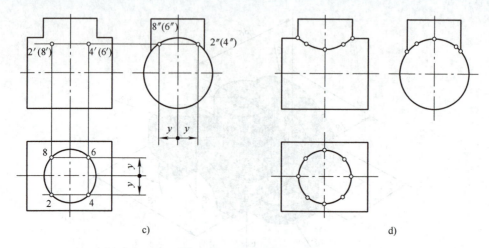

c)　　　　　　　　　　　　　　d)

图 2-34　两圆柱正交（续）

由于直立圆柱的水平投影和水平圆柱的侧面投影都有积聚性，所以相贯线的水平投影和侧面投影分别积聚在它们有积聚性的投影圆上，因此，只需作出相贯线的正面投影。

由于相贯线的前后、左右对称，因此，在其正面投影中，可见的前半部分和不可见的后半部分重合，左、右部分则对称。

作图步骤：

1）求特殊位置点。作相贯线上的最高点 I、V 和最低点 III、VII 的三面投影，如图 2-34b 所示。

2）求一般位置点。在最高点、最低点之间作一般点 II、IV、VI、VIII 的三面投影，如图 2-34c 所示。

3）依次光滑连接 $1'$、$2'$、$3'$、…，即得相贯线的正面投影。检查并描深轮廓，如图 2-34d 所示。

（2）相贯线的简化画法　当两圆柱正交且直径不相等时，相贯线的投影可采用简化画法。如图 2-35 所示，相贯线的正面投影以大圆柱的半径为半径、以轮廓线的交点为圆心，向大圆柱的外侧作圆弧，与小圆柱的中心线相交，再以该交点为圆心、以大圆柱的半径为半径作圆弧，即为相贯线的投影，该投影向大圆柱内弯曲。

（3）两圆柱直径的相对大小对相贯线形状和位置的影响　设竖直圆柱直径为 D_1，水平圆柱直径为 D。当 $D > D_1$ 时，相贯线正面投影为上下对称的曲线，如图 2-36a 所示；当

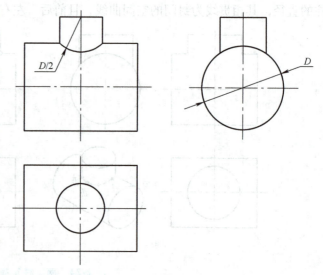

图 2-35　两圆柱正交简化画法

$D = D_1$ 时，相贯线为两个相交的椭圆，其正面投影为正交的两条直线，如图 2-36b 所示；当 $D < D_1$ 时，相贯线正面投影为左右对称的曲线，如图 2-36c 所示。

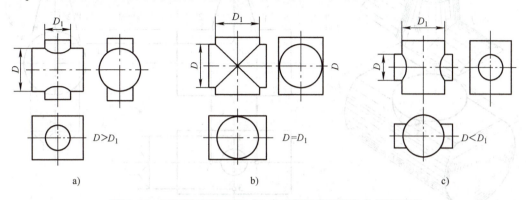

图 2-36　两圆柱直径的相对大小对相贯线形状和位置的影响

（4）内、外圆柱表面相交的情况　圆柱孔与外圆柱面相交时，在孔口会形成相贯线；两圆柱孔相交时，在表面处也会产生相贯线。这两种情况下，相贯线的形状和作图方法如图 2-37 所示。

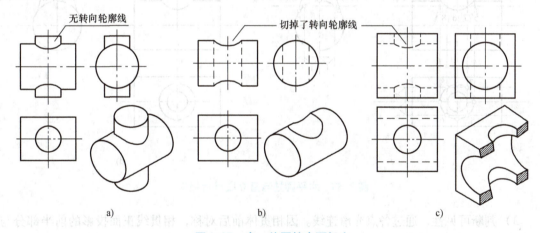

图 2-37　内、外圆柱表面相交

2. 圆柱与圆锥正交

（1）分析　图 2-38 所示为水平圆柱与直立圆锥台相交。由于水平圆柱的轴线垂直于侧面，相贯线的侧面投影在圆柱积聚性的圆周上。而圆锥台在主视图和俯视图中没有积聚性，所以要作相贯线在主、俯视图中的投影。

（2）作图

1）求特殊位置点。根据相贯线最高点 I 、II（也是最左、最右点）和最低点III、IV（也是最前、最后点）的侧面投影 1″、（2″）、3″、4″，可求出正面投影 1′、2′、3′、（4′）和水平投影 1、2、3、4。

2）求一般位置点。在适当位置选用水平面 P 作为辅助平面，圆锥截交线的水平投影为圆，圆柱截交线的水平投影为两条平行直线，截交线的交点 5、6、7、8 即为相贯线上的点。再根据水平投影 5、6、7、8 求出正面投影 5′、6′、（7′）、（8′）各点。

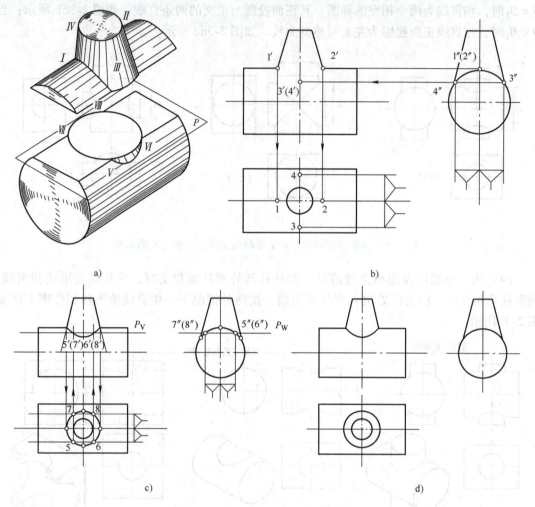

图 2-38　水平圆柱与直立圆锥台相交

3）判断可见性，通过各点光滑连线。因相贯体前后对称，相贯线正面投影的前半部分与后半部分重合为一段曲线。光滑连接各点的同名投影，即得相贯线的正面投影和水平投影。

二、相贯线的特殊情况

1. 两回转体共轴线相交

如图 2-39 所示，两回转体相交且有一个公共轴线时，它们的相贯线都是平面曲线——圆。因为两回转体的轴线都平行于正立投影面，所以它们相贯线的正面投影为直线，水平投影为圆或椭圆。

2. 两回转体共切于球

如图 2-40a、b 所示，圆柱与圆柱相交，并共切于球；如图 2-40c 所示，圆柱与圆锥相交，也共切于球。即两回转体相交，并共切于球，则它们的相贯线都是平面曲线——椭圆。因为两回转体的轴线都平行于正立投影面，所以它们相贯线的正面投影为直线，水平投影为圆或椭圆。

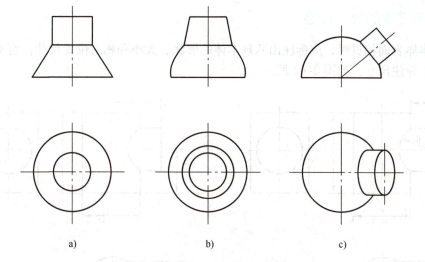

a)   b)   c)

图2-39 同轴回转体

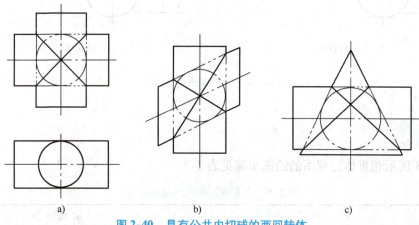

a)   b)   c)

图2-40 具有公共内切球的两回转体

3. 两圆柱面的轴线平行或两圆锥面共锥顶

当两圆柱面的轴线平行或两圆锥面共锥顶时，表面交线为直线，如图2-41所示。

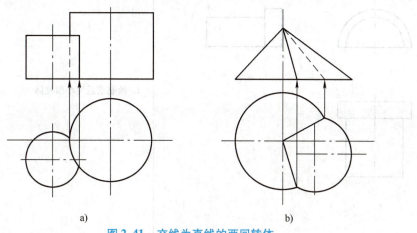

a)   b)

图2-41 交线为直线的两回转体

三、相贯体的尺寸标注

当基本体表面相贯时，应标注出两基本体的形状、大小和相对位置尺寸，而不允许直接在相贯线上标注尺寸，如图 2-42 所示。

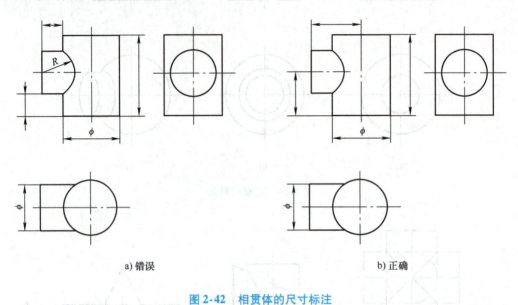

a) 错误   b) 正确

图 2-42　相贯体的尺寸标注

【任务指导】

图 2-33 所示相贯体三视图的绘图步骤见表 2-3。

表 2-3　相贯体三视图的绘图步骤

图　示	实施步骤
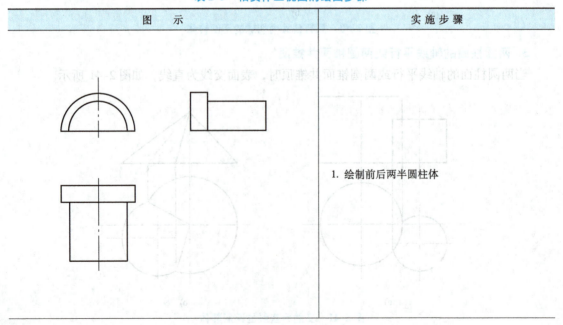	1. 绘制前后两半圆柱体

（续）

图　　示	实 施 步 骤
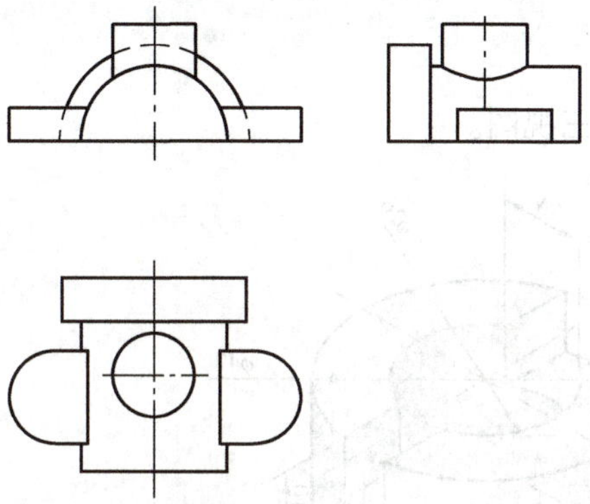	2. 绘制两端凸耳和中间凸台
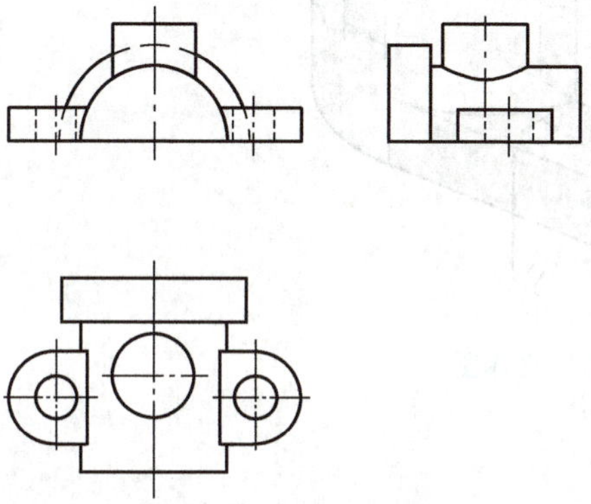	3. 绘制两端凸耳上圆柱孔
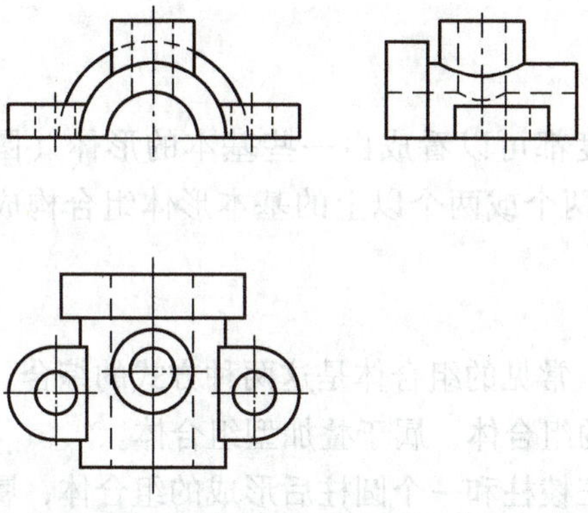	4. 绘制截切中间两圆柱孔槽

任务4　绘制组合体三视图

【任务目标】

1）能够看懂组合体立体图。

2）能够对组合体进行形体分析和线面分析。

3）能绘制组合体的三视图并进行尺寸标注。

4）能识读组合体的三视图。

【任务要求】

　　根据如图 2-43 所示立体图，绘制组合体的三视图。

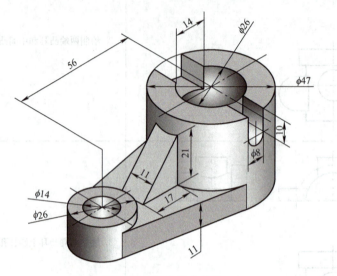

图 2-43　组合体立体图

【知识链接】

一、组合体的形体分析

　　任何复杂的物体（或零件），从形体的角度都可以看成由一些基本的形体（圆柱、圆锥、圆球等）按照一定的方式组合而成的。由两个或两个以上的基本形体组合构成的整体称为组合体。

1. 组合体的组合方式

　　组合体的组合方式有叠加和切割两种形式，常见的组合体是这两种方式的综合。

　　图 2-44a 所示为由圆柱和四棱柱堆积而成的组合体，属于叠加型组合体。

　　图 2-44b 所示为由原始的四棱柱切去两个三棱柱和一个圆柱后形成的组合体，属于切割型组合体。

　　图 2-44c 所示为既有叠加又有切割的综合型组合体。

2. 组合体表面的连接关系

　　无论以何种方式构成组合体，其相邻两形体的表面都存在一定的连接关系，其形式一般可分为不平齐、平齐、相切和相交等情况。

　　（1）两表面不平齐　当相邻两形体的表面不平齐，没有公共的表面时，在视图中两个形体之间有分界线，如图 2-45a 所示。

　　（2）两表面平齐　当相邻两形体的表面互相平齐，连接成一个面（共平面或共曲面）

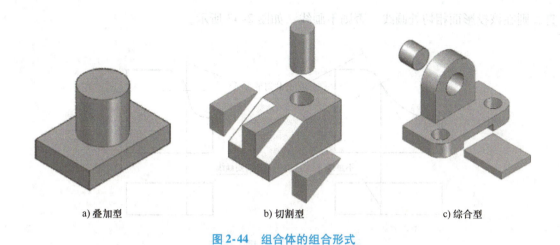

a) 叠加型　　　　　　　b) 切割型　　　　　　　c) 综合型

图 2-44　组合体的组合形式

时，连接处没有分界线，在视图上不应画出两表面的分界线，如图 2-45b、c 所示。

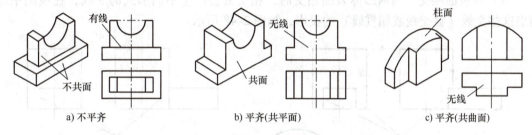

a) 不平齐　　　　　　　b) 平齐(共平面)　　　　　　　c) 平齐(共曲面)

图 2-45　两表面不平齐和平齐的画法

（3）两表面相切　当两形体表面相切时，两表面在相切处光滑过渡，不存在明显的轮廓线，所以在视图上相切处不应画出分界线，如图 2-46 所示。

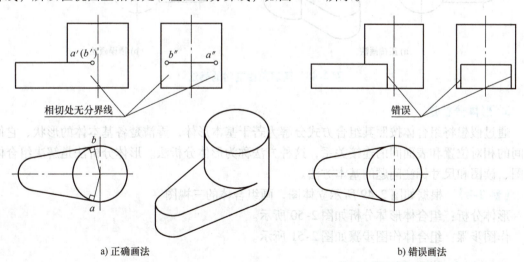

a) 正确画法　　　　　　　b) 错误画法

图 2-46　两表面相切时的画法

当两曲面相切时，则要看两曲面的公切面是否垂直于投影面。如果公切面与投影面垂直，则在该投影面相切处画线，否则不画线，如图 2-47 所示。

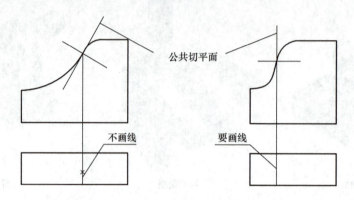

图 2-47　两曲面相切时的画法

（4）两表面相交　当两形体表面相交时，相交处会产生不同形式的交线，在视图中应画出这些交线（截交线或相贯线）的投影，如图 2-48 所示。

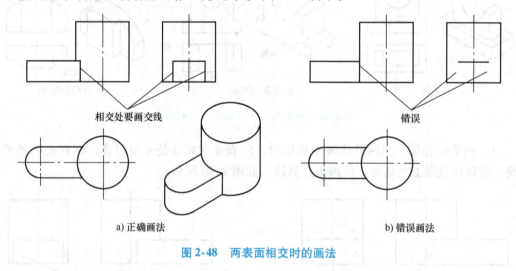

a) 正确画法　　　　　　　　b) 错误画法

图 2-48　两表面相交时的画法

3. 形体分析法

通过假想将组合体按照其组合方式分解为若干基本形体，弄清楚各基本体的形状、它们之间的相对位置和表面间的连接关系，这种方法称为形体分析法。形体分析法是解决组合体画图、读图和尺寸标注问题的基本方法。

【例 2-8】　根据如图 2-49 所示立体图，画组合体的三视图。

形体分析：组合体形体分析如图 2-50 所示。

作图步骤：组合体作图步骤如图 2-51 所示。

二、组合体的三视图画法

下面以图 2-52 所示轴承座为例，介绍组合体三视图的一般绘图步骤和方法。

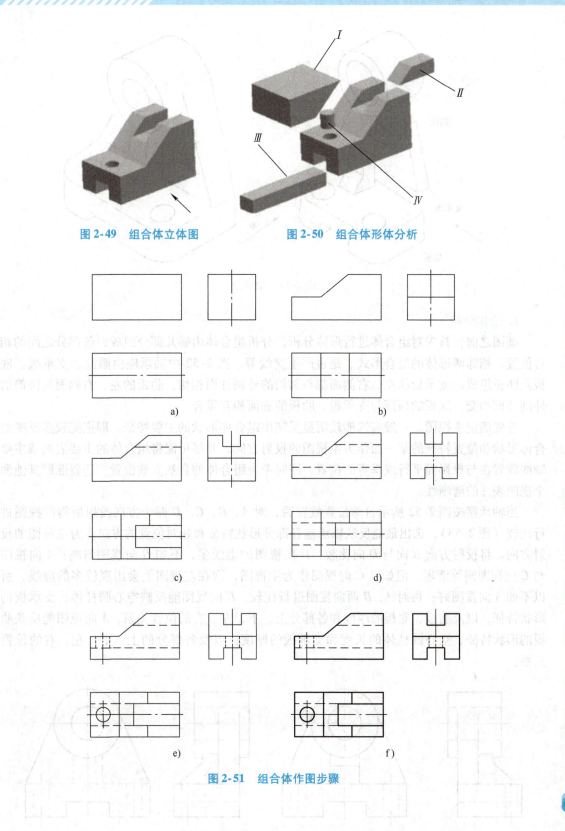

图 2-49 组合体立体图   图 2-50 组合体形体分析

a)

b)

c)

d)

e)   f)

图 2-51 组合体作图步骤

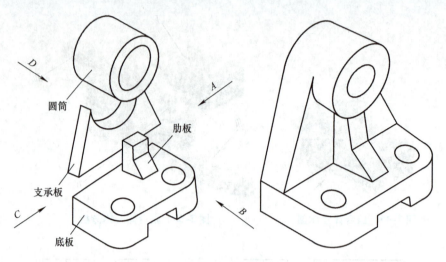

图 2-52　轴承座

1. 形体分析

画图之前，首先对组合体进行形体分析，分析组合体由哪几部分组成、各部分之间的相对位置、相邻两形体的组合形式、是否产生交线等。图 2-52 中轴承座由圆筒、支承板、底板及肋板组成。支承板的左、右侧面都与圆筒的外圆柱面相切，肋板的左、右侧面与圆筒的外圆柱面相交，底板的顶面与支承板、肋板的底面相互重合。

首先确定主视图。一般应选能较明显反映出组合体形状的主要特征，即把能较多反映组合体形状和位置特征的某一面作为主视图的投射方向，并尽可能将组合体的主要表面或主要轴线放置在与投影面平行或垂直的位置，同时考虑组合体的自然安放位置，还要兼顾其他两个视图表达的清晰性。

当轴承座按图 2-52 所示自然位置放置后，对 A、B、C、D 四个方向投射所得的视图进行比较（图 2-53），选出最能反映轴承座各部分形状特征和相对位置的方向作为主视图的投射方向。将投射方向 B 向与 D 向比较，D 向视图的虚线多，不如 B 向视图清晰；A 向视图与 C 向视图同等清晰，但如以 C 向视图作为主视图，则在左视图上会出现较多的虚线，所以不如 A 向视图好；再对 A、B 两向视图进行比较，B 向视图能反映空心圆柱体、支承板的形状特征，以及肋板、底板的厚度和各部分上、下、左、右的位置关系，A 向视图能反映肋板的形状特征、空心圆柱体的长度和支承板的厚度，以及各部分的上、下、左、右的位置关系。

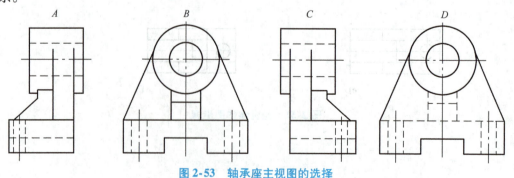

图 2-53　轴承座主视图的选择

由 A 向视图与 B 向视图的比较不难看出，两者反映各部分的形状特征和相对位置各有特点，差别不大，均符合选为主视图的条件。在此前提下，要尽量使画出的三视图长大于宽，因此选用 B 向视图作为主视图。主视图一经确定，其他视图也随之确定。

2. 选比例、定图幅

视图确定后，便要根据实物的大小和其形体的复杂程度，按制图标准规定选择适当的作图比例和图幅。

3. 布置视图，画出作图基准线

布图时，根据各视图每个方向的最大尺寸和标注尺寸所需空间，确定每个视图的位置，将各视图均匀地布置在图框内。

根据各视图的位置，画出基准线。一般常用底面、对称中心面、较大的端面或通过重要轴线的平面等作为作图基准，如图 2-54a 所示。

a) 画出各视图作图基准线、对称轴线、大圆孔
中心线及其对应的轴线、底面和背面的位置线

b) 画底板：先画俯视图，凹槽则先从主视图画起

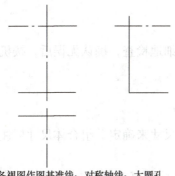

c) 画圆筒：先画反映圆筒特征的主视图

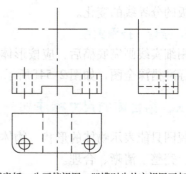

d) 画支承板：先画反映支承板特征的主视图，
在画俯左视图时，应注意支承板侧面与圆筒相
切处无界线，要准确定出切点的投影

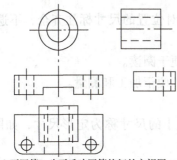

e) 画肋板：主、左视图配合先画出，左视图c″d″为
肋板与圆柱的交线

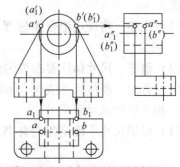

f) 检查确认无误后，按标准线型描深

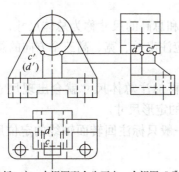

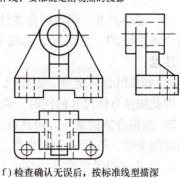

图 2-54　画轴承座三视图的步骤

4. 绘制底稿

为了迅速而正确地画出组合体的三视图，画底稿时应注意：

1）画图顺序。按照形体分析法，先画主要部分，后画次要部分；先画可见部分，后画不可见部分。如先画底板和空心圆柱体，后画支承板、肋板，如图2-54b、c所示。

2）每个形体应先画反映形状特征的视图，再按投影关系画其他视图。如图2-54b中底板先画俯视图，空心圆柱体先画主视图等。画图时，每个形体的三个视图最好配合起来画，画完一个形体的视图，再画另一个形体的视图，以便利用投影关系，使作图既快又正确。

3）形体之间的相对位置要正确。

4）形体间的表面过渡关系要正确。

5）要注意各形体间内部融为整体。由于套筒、支承板、肋板融合成整体，原来的轮廓线也发生变化，如图2-54d中左视图和俯视图上套筒的轮廓线，图2-54e中俯视图上支承板和肋板的分界线的变化。

5. 检查、描深图线

用细实线画完底稿后，应按形体逐个进行认真仔细地检查，确认无误后，按机械制图的线型标准描深全图，如图2-54f所示。

三、组合体的尺寸标注

视图只能表示物体的形状，物体的大小则由标注尺寸来确定。组合体尺寸标注的要求是正确、完整、清晰、合理。

（1）正确　所注尺寸应符合国家标准有关尺寸注法的基本规定，注写的尺寸数字要正确无误。

（2）完整　将确定组合体各部分形状、大小及相对位置的尺寸标注齐全，不遗漏，不重复。

（3）清晰　尺寸标注要布置匀称、清楚、整齐，便于阅读。

（4）合理　所注尺寸应符合形体构成规律与要求，便于加工和测量。

1. 组合体的尺寸种类

（1）定形尺寸　确定组合体各组成部分形状、大小的尺寸称为定形尺寸，如图2-55a所示。

（2）定位尺寸　确定组合体各组成部分相对位置的尺寸称为定位尺寸，如图2-55b所示。

（3）总体尺寸　确定组合体外形的总长、总宽和总高的尺寸称为总体尺寸，如图2-55c中组合体总长50、总宽30、总高27。组合体一般应注出长、宽、高三个方向的总体尺寸。

注意：

1）如果组合体定形、定位尺寸已标注完整，再加注总体尺寸就会出现尺寸多余或重复，因此加注总体尺寸的同时，应减去一个同方向的定形尺寸。

2）当组合体的某一方向具有回转面结构时，一般只标注回转面轴线的定位尺寸和外端圆柱面的半径，不标注总体尺寸，如图2-56所示。

2. 组合体的尺寸基准

尺寸基准是指标注或测量尺寸的起点。标注定位尺寸时，必须考虑以尺寸的起点去定位

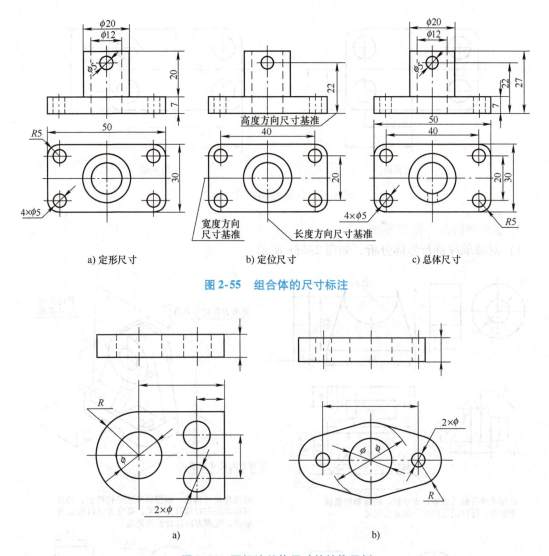

a) 定形尺寸　　　　　　b) 定位尺寸　　　　　　c) 总体尺寸

图 2-55　组合体的尺寸标注

a)　　　　　　　　　　　b)

图 2-56　不标注总体尺寸的结构示例

的尺寸基准。如图 2-54 中高度方向以底面为尺寸基准，长度方向选用左右对称平面为尺寸基准，宽度方向以前后对称平面为尺寸基准。在选择尺寸基准和标注尺寸时应注意：

1）物体有长、宽、高三个方向的尺寸，每个方向至少要有一个尺寸基准。通常画图时的三条基准线就是组合体三个方向上的尺寸基准，也称为主要基准。在一个方向上有时根据需要允许有两个或两个以上的尺寸基准，除主要基准外，其余皆为辅助基准。辅助基准与主要基准之间必须有尺寸相连。

2）通常以组合体的底面、重要的端面、对称面、回转体的轴线以及圆的中心线等作为尺寸基准。

3）在标注回转体的定位尺寸时，一般标注它们的轴线位置。如图 2-55b 中用尺寸 40 和 20 确定 4×φ5 孔的轴线位置。

4）以对称平面为基准标注对称尺寸时，不能只注一半，如图 2-57 所示。

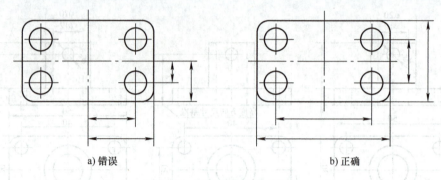

a) 错误　　　　　　　　　　　　　　　b) 正确

图 2-57　对称结构的尺寸标注

3. 组合体的尺寸标注方法

1) 对轴承座进行形体分析, 如图 2-58a 所示。

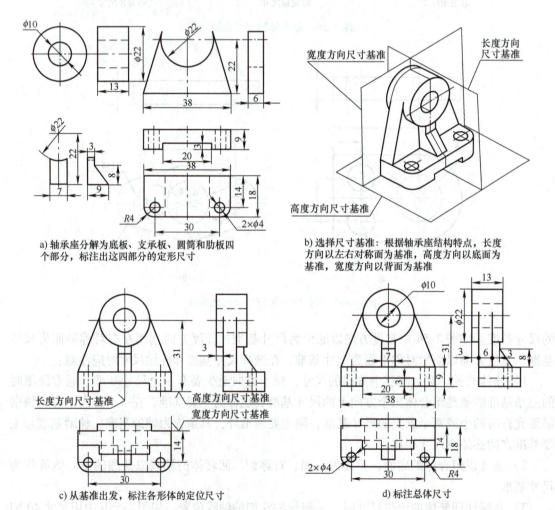

a) 轴承座分解为底板、支承板、圆筒和肋板四个部分, 标注出这四部分的定形尺寸

b) 选择尺寸基准: 根据轴承座结构特点, 长度方向以左右对称面为基准, 高度方向以底面为基准, 宽度方向以背面为基准

c) 从基准出发, 标注各形体的定位尺寸

d) 标注总体尺寸

图 2-58　轴承座的尺寸标注

2）标注各形体的定形尺寸，如图2-58a所示。

3）选择长、宽、高三个方向的尺寸基准，标注各形体的定位尺寸，如图2-58b、c所示。

4）标注总体尺寸，如图2-58d所示。总长与底板的长度一致，不能重复；高度方向因上部是回转体，因此只标注圆筒高度方向的定位尺寸和定形尺寸，不再标注总高；总宽由底板宽度方向的定形尺寸和圆筒宽度方向的定位尺寸确定，不再标注。

4. 尺寸配置的要求

为了便于看图，尺寸的布置必须整齐、清晰，应注意如下几点：

1）尺寸应尽量标注在形状特征最明显的视图上，如图2-59所示。

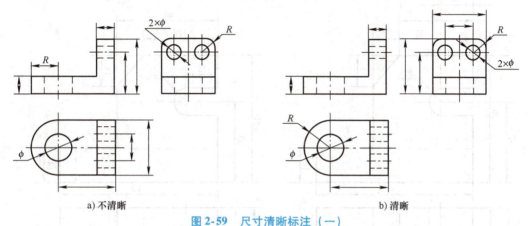

a) 不清晰　　　　　　　　　　　　　　　　　　b) 清晰

图2-59　尺寸清晰标注（一）

2）同一形体的尺寸应尽量集中标注，如图2-60所示。

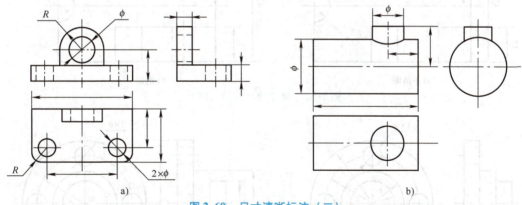

a)　　　　　　　　　　　　　　　　　　　　b)

图2-60　尺寸清晰标注（二）

3）尺寸要排列整齐。同方向串联的尺寸，箭头应互相对齐，排在一条直线上；同方向并联的尺寸，小尺寸在内（靠近视图），大尺寸在外，依次向外分布，间隔要均匀，避免尺寸线与尺寸界线相交，如图2-61所示。

4）尽量将尺寸布置在图形外面，必要时也可标注在图形内，如图2-62所示。

5）同轴的圆柱、圆锥的径向尺寸，一般标注在非圆视图上，圆弧半径应标注在投影为圆弧的视图上，如图2-63所示。

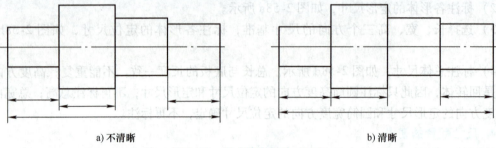

a) 不清晰

b) 清晰

图 2-61　尺寸清晰标注（三）

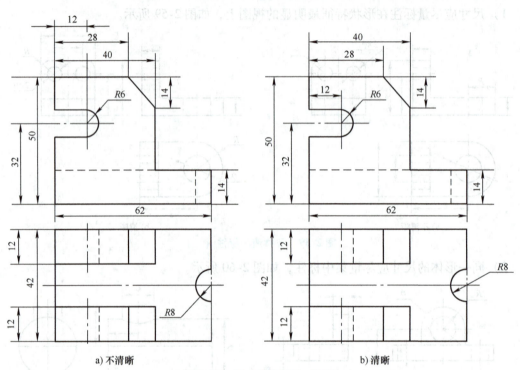

a) 不清晰

b) 清晰

图 2-62　尺寸清晰标注（四）

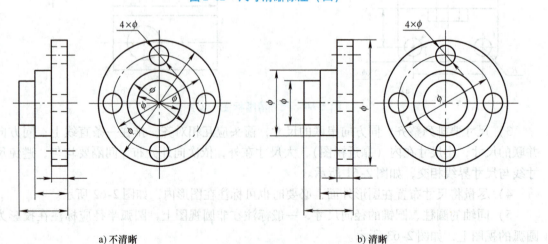

a) 不清晰

b) 清晰

图 2-63　尺寸清晰标注（五）

6）应避免在虚线上标注尺寸。

四、组合体视图的识读

1. 读图的基本要领

1）几个视图联系起来看。一般情况下，一个或两个视图往往不能唯一确定物体的形状。看图时，必须几个视图联系起来进行分析、构思、设想、判断，才能想象出物体的形状。

2）善于抓住形状特征和位置特征视图。

① 最能清晰表达物体形状特征的视图称为形状特征视图。

② 最能清晰表达组合体各形体之间相互位置关系的视图称为位置特征视图。

抓住特征视图，再配合其他视图，就能较快地想象出物体的形状。

3）了解视图中的点、线、线框的空间含义。分析视图中点、线和线框的含义是读图的基础。

① 视图中的一个点。视图中的点有两种含义：

a. 表示形体上的某一个点，一般表示形体上棱线、素线或其他线之间交点的投影。

b. 表示形体上的某一条直线，这个点是投影面垂直线的积聚性投影。

② 视图中的一条线。视图是由图线组成的，图中的实线和虚线有三种含义：

a. 表示形体上两个面交线的投影。

b. 表示形体上投影面平行面或投影面垂直面的积聚性投影。

c. 表示形体上回转面（圆柱面、圆锥面等）的轮廓素线的投影。

③ 视图中的一个线框。视图中每一个封闭线框，一般表示物体上不同位置的一个面（平面、曲面或平面与曲面相切连接）的投影，或者是一个孔的投影，如图 2-64 所示。

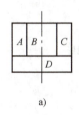 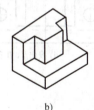 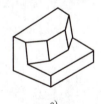 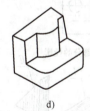 

a)   b)   c)   d)   e)

图 2-64 视图中线框的含义

④ 视图中相邻的线框。视图上任何两个相邻的封闭线框，一定是物体上相交的或是同向错位的两个面的投影。如图 2-64c、d、e 中线框 A 和 B、B 和 C 表示相交的两个面，图 2-64b 中 A 和 B、B 和 C 表示前后错位的两个面。

4）用图中虚线、实线的变化区分各部分的相对位置关系。

5）善于构思空间形体。要想正确、迅速地想象出视图所表达的物体空间形状，必须多看、多构思。读图的过程是不断地把想象中的物体与给定的视图进行对照的过程，也是不断修正想象中的物体形状的思维过程，要始终把空间想象和投影分析结合起来。

2. 读图的基本方法

组合体读图的基本方法是形体分析法和线面分析法。

（1）形体分析法 首先用"分线框、对投影"的方法分析出构成组合体的基本形体有几个，找出每个形体的形状特征视图，对照其他视图，想象出各基本体的形状，然后分析各基本体的相对位置、组合方式、表面关系，最后综合想象出物体的整体形状。

下面以图 2-65 所示组合体视图为例，说明用形体分析法读图的方法步骤。

1）抓住特征，合理分解。首先从主视图着手，将其线框分为 Ⅰ、Ⅱ、Ⅲ、Ⅳ 四个部分，如图 2-64a 所示。

2）根据投影的"三等"规律，在其他视图中找出每个线框对应的两个投影，判断其是否符合基本体的图示特征，构思各基本体的空间形状，如图 2-65b～e 所示。

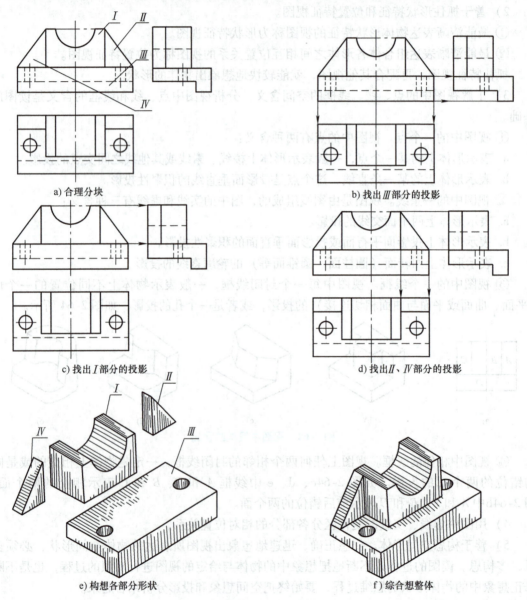

a）合理分块　　　　　　　　　　　　b）找出Ⅲ部分的投影

c）找出Ⅰ部分的投影　　　　　　　　d）找出Ⅱ、Ⅳ部分的投影

e）构想各部分形状　　　　　　　　　f）综合想整体

图 2-65　用形体分析法读图

3）综合起来想整体。在看懂各部分形体的基础上，抓住位置特征视图，分析确定各形体间相对位置和表面连接关系，最后综合起来想象物体的整体形状，如图 2-65f 所示。

（2）线面分析法 首先用"分线框、对投影"的方法分析出其原始基本体的形状，找出切割平面的位置及切割后断面的特征视图，从而分析出形体的表面特征，最后综合想象出物体的整体形状。

1）分析整体形状。

2）分析局部形状。

3）利用视图上线、面的投影规律，进行线、面分析。

4）综合起来想整体。

图2-66所示为用线面分析法读图。

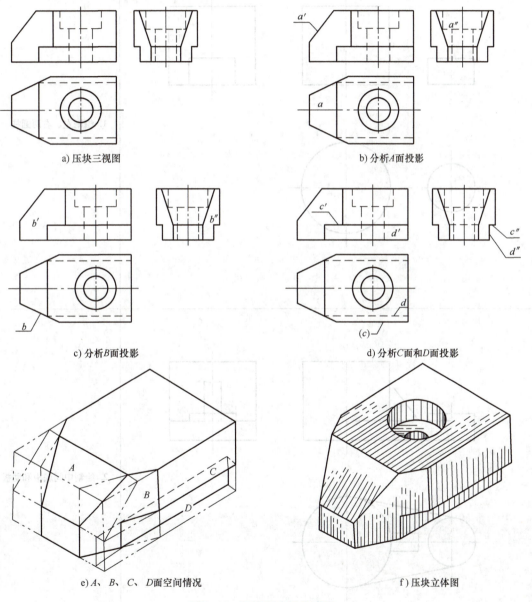

a) 压块三视图　　　　　　　　　　　　b) 分析A面投影

c) 分析B面投影　　　　　　　　　　　　d) 分析C面和D面投影

e) A、B、C、D面空间情况　　　　　　　f) 压块立体图

图2-66　用线面分析法读图

【任务指导】

绘制图 2-43 所示组合体三视图的步骤见表 2-4。

表 2-4　绘制组合体三视图的步骤

图　示	实施步骤
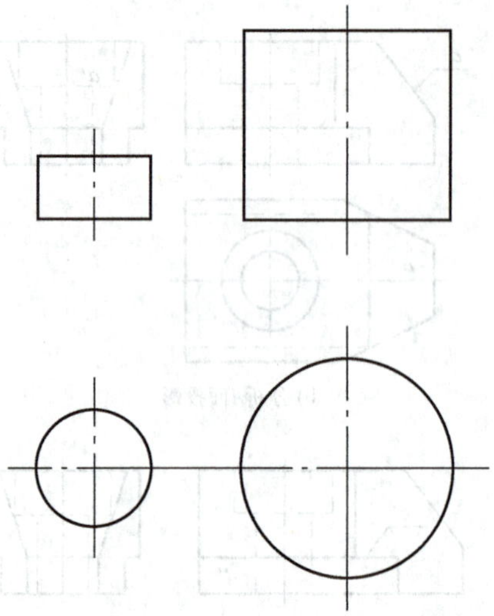	1. 绘制左、右两圆柱
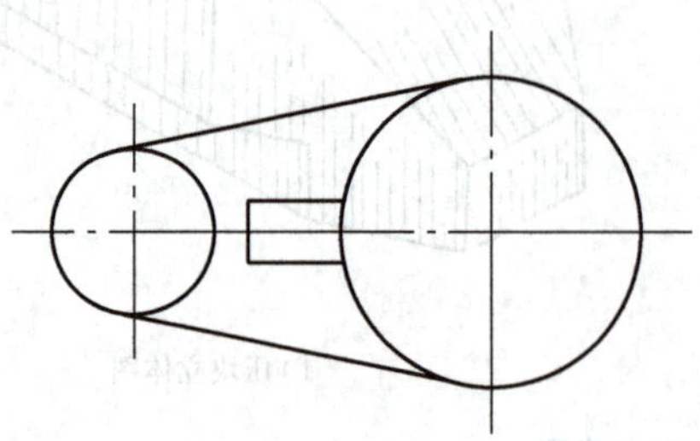	2. 绘制中间底板和肋板

（续）

图　示	实施步骤
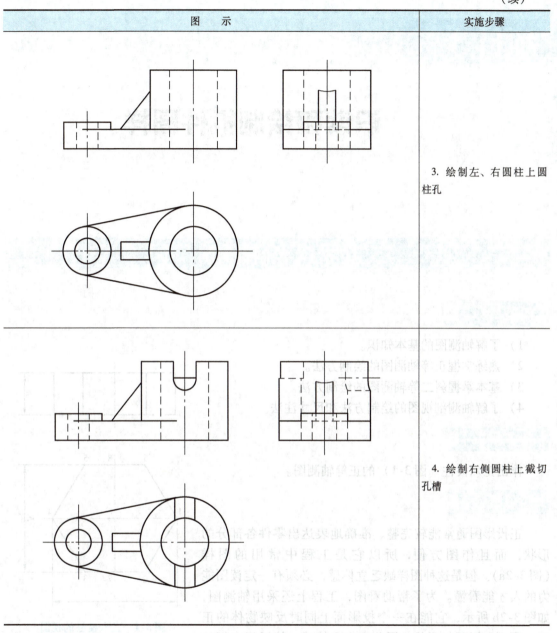	3. 绘制左、右圆柱上圆柱孔
	4. 绘制右侧圆柱上截切孔槽

识读和绘制机件图样

任务1　绘制轴测图

【任务目标】

1）了解轴测图的基本知识。
2）熟练掌握正等轴测图的绘制方法。
3）基本掌握斜二等轴测图的绘制方法。
4）了解轴测剖视图的绘制方法和尺寸注法。

【任务要求】

作出正六棱柱（图3-1）的正等轴测图。

【知识链接】

正投影图通常能较完整、准确地表达出零件各部分的形状，而且作图方便，所以它是工程中常用的图样（图3-2a）。但是这种图样缺乏立体感，必须有一定读图能力的人才能看懂。为了帮助看图，工程上还采用轴测图，如图3-2b所示，它能在一个投影面上同时反映物体的正面、顶面和侧面的形状，因此富有立体感，接近于人们的

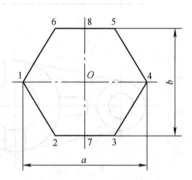

图3-1　正六棱柱的视图

视觉习惯。但它不能确切地表达出零件上原来的形状和大小，如原来的长方形平面在轴测图上变成了平行四边形，圆变成了椭圆，而且轴测图作图较为复杂，因而轴测图在工程上一般仅用来作为辅助图样。

一、轴测投影的基本概念

1. 轴测投影的形成

轴测投影是一种具有立体感的单面投影图。如图3-3所示，用平行投影法将物体连同确定

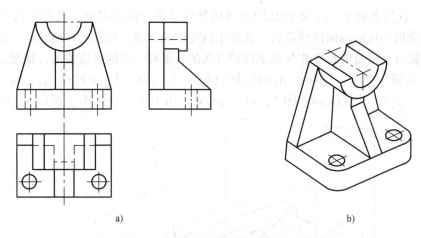

a)   b)

图3-2　多面正投影图与轴测图的比较

其空间位置的直角坐标系，按不平行于坐标面的方向一起投射到一个平面上所得到的投影称为轴测投影。用这样的方法绘制出的图，称为轴测投影，简称轴测图，平面称为轴测投影面。

在形成轴测图时，应注意避免组成直角坐标系的三个坐标轴中的任意一个垂直于所选定的轴测投影面。因为当投射方向与坐标轴平行时，轴测投影将失去立体感，变成前面所描述的三视图中的一个视图，如图3-4所示。

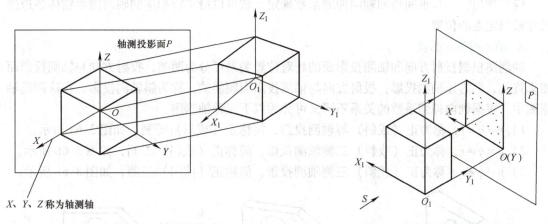

图3-3　轴测图的形成　　　　　　　　**图3-4　投射方向与投影面垂直时的投影无立体感**

2. 轴间角及轴向伸缩系数

假设将图3-3中的物体抽掉，如图3-5所示，空间直角坐标轴 O_1X_1、O_1Y_1、O_1Z_1 在轴测投影面 P 上的投影 OX、OY、OZ 称为轴测投影轴，简称轴测轴；轴测轴之间的夹角 $\angle XOY$、$\angle XOZ$、$\angle YOZ$ 称为轴间角。

设在空间三坐标轴上各取相等的单位长度 u，投射到轴测投影面上，得到相应的轴测轴上的单位长度分别为 i、j、k，它们与原来坐标轴上的单位长度 u 的比值称为轴向伸缩系数。

设 $p_1 = i/u$、$q_1 = j/u$、$r_1 = k/u$，则 p_1、q_1、r_1 分别是 X、Y、Z 轴的轴向伸缩系数。由于轴测投影采用的是平行投影，因此两平行直线的轴测投影仍平行，且投影长度与原来的线段长度成定比。凡是平行于 O_1X_1、O_1Y_1、O_1Z_1 轴的线段，其轴测投影必然相应地平行于 OX、

OY、OZ 轴，且具有和 X、Y、Z 轴相同的轴向伸缩系数。由此可见，凡是平行于原坐标轴的线段长度乘以相应的轴向伸缩系数，就等于该线段的轴测投影长度；换言之，在轴测图中只有沿轴测轴方向测量的长度才与原坐标轴方向的长度有一定的对应关系，轴测投影也是由此而得名。在图 3-5 中，空间点 A_1 的轴测投影为 A，其中 $Oa_X = P_1O_1a_{X1}$、$a_Xa = q_1a_{X1}a_1$（由于 $a_{X1}a_1 // O_1Y_1$，所以 $a_Xa // OY$）、$aA = r_1a_1A_1$（由于 $a_1A_1 // O_1Z_1$，所以 $aA // OZ$）。

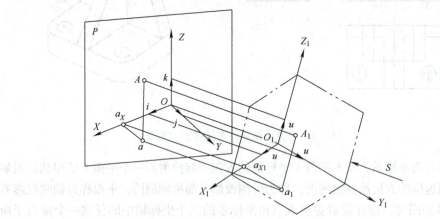

图 3-5　轴间角和轴向伸缩系数

应当指出，一旦轴间角和轴向伸缩系数确定，就可以沿平行相应的轴向测量物体各边的尺寸或确定点的位置。

3. 轴测投影的分类

轴测图根据投射方向和轴测投影面的相对位置关系可分为两类，投射方向与轴测投影面相垂直的，称为正轴测投影；投射方向与轴测投影面倾斜的，称为斜轴测投影。在这两类轴测图中，根据轴向伸缩系数的关系不同又可分为以下三种轴测图。

1）$p = q = r$，称为正（或斜）等轴测投影，简称正（或斜）等测，如图 3-6a 所示。

2）$p = q \neq r$，称为正（或斜）二测轴测投影，简称正（或斜）二测，如图 3-6b 所示。

3）$p \neq q \neq r$，称为正（或斜）三测轴测投影，简称正（或斜）三测，如图 3-6c 所示。

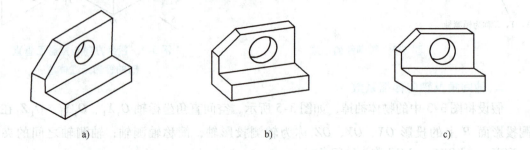

a)　　　　　　　　　　b)　　　　　　　　　　c)

图 3-6　常用的三种轴测图

二、正等轴测图

1. 正等轴测图的形成

将形体放置成使它的三个坐标轴与轴测投影面具有相同的夹角，然后用正投影方法向轴测投影面投射，就可得到该形体的正等轴测投影，简称正等测。

如图 3-7 所示，正方体取其后面三根棱线为其内在的直角坐标轴，然后从图 3-7a 所示的位置绕 Z 轴旋转 45°，到图 3-7b 所示的位置；再向前倾斜，直到正方体对角线垂直于投影面 P，如图 3-7c 所示的位置。在此位置上正方体的三个坐标轴与轴测投影面有相同的夹角，然后向轴测投影面 P 进行正投影，所得轴测图即为正方体的正等测。

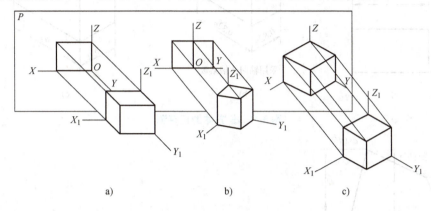

图 3-7　正等轴测图的形成

2. 正等测的轴间角和轴向伸缩系数

作图时，一般使 OZ 轴处于垂直位置，则 OX 和 OY 轴与水平线成30°，可用30°三角板方便地作出（图 3-8）。正等测的轴向伸缩系数 $p_1 = q_1 = r_1 \approx 0.82$。图 3-9a 所示长方体的长、宽和高分别为 a、b 和 h，按上述轴间角和轴向伸缩系数作出的正等测如图 3-9b 所示。但在实际作图时，按上述轴向伸缩系数计算尺寸却是相当麻烦。由于绘制轴测图的主要目的是为了表达物体的直观形状，因此，为了作图方便，常采用简化轴向伸缩系数，在正等测中，$p = q = r = 1$，这样就可以将视图上的尺寸 a、b 和 h 直接度量到相应的 X、Y 和 Z 轴上，这样作出的长方体的正等测如图 3-9c 所示，它与图 3-9b 相比形状不

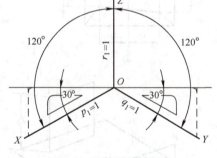

图 3-8　正等测的轴间角

变，仅是图形按一定比例放大，图上的线段放大倍数为 $\dfrac{1}{0.82} \approx 1.22$ 倍。

3. 平面立体的正等测画法

画轴测图的基本方法是坐标法，即将形体上各点的直角坐标位置移植到轴测坐标系中，定出各点的轴测投影，从而作出整个形体的轴测图。平面立体的二视图如图 3-10a 所示；先根据视图作出底面上各点的投影，如图 3-10b 所示；再根据各点的 Z 坐标求出上面各点的投影，如图 3-10c 所示；连接各个点，得到整个形体的投影，如图 3-10d 所示。在实际作图时，还应根据物体的形状特点而灵活采用不同的作图步骤。下面举例说明平面立体轴测图的几种画法。

【例 3-1】　作出垫块（图 3-11）的正等测。

分析：垫块是一简单的组合体，由基本形体结合或切割而成。画轴测图时，也可采用形

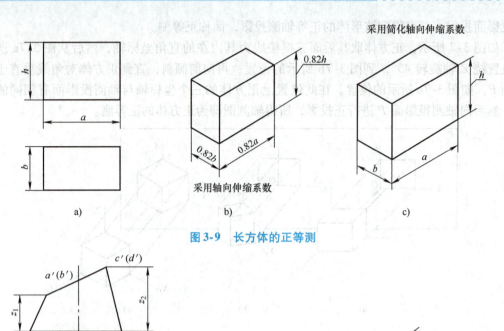

采用简化轴向伸缩系数

采用轴向伸缩系数

图3-9 长方体的正等测

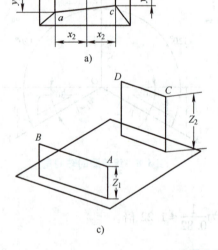

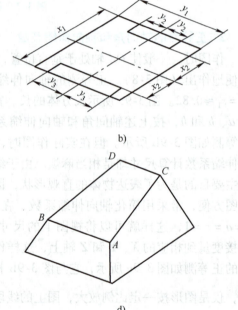

图3-10 用坐标法画轴测图

体分析法。

作图：如图3-11所示，先按垫块的长、宽、高画出其外形长方体的轴测图，并将长方体切割成L形，（图3-12a、b）；再在左上方斜切掉一个角（图3-12b、c）；在右端加上一个三角形的肋板（图3-12c）；最后擦去多余的作图线并描深，即完成垫块的正等测，如图3-12d所示。

4. 圆的正等测

（1）性质　在一般情况下，圆的轴测投影为椭圆。根据理论分析（证明略），坐标面

（或其平行面）上圆的正轴测投影（椭圆）的长轴方向与该坐标面轴测轴相垂直，短轴方向与该轴测轴相平行。对于正等测，水平面上椭圆的长轴处在水平位置，正平面上椭圆的长轴方向为向右上倾斜60°，侧平面上椭圆的长轴方向为向左上倾斜60°，如图3-13所示。

在正等测中，如采用轴向伸缩系数，则椭圆的长轴为圆的直径 d，短轴为 $0.58d$，如图3-13a所示。按简化轴向伸缩系数作图，其长、短轴长度均放大1.22倍，即长轴长度等于 $1.22d$；短轴长度等于 $1.22 \times 0.58d \approx 0.7d$，如图3-13b所示。

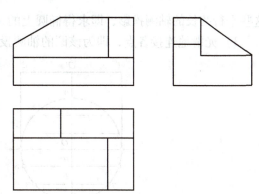

图 3-11 垫块的视图

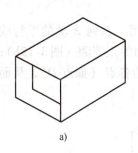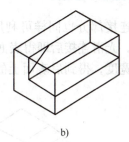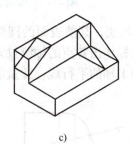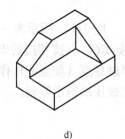

a)   b)   c)   d)

图 3-12 垫块正等测的作图步骤

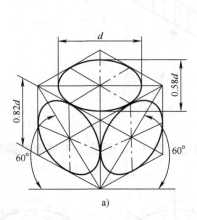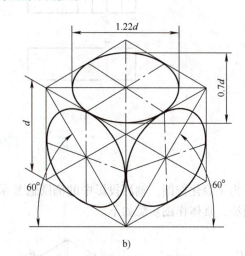

a)   b)

图 3-13 坐标面上的正等测

（2）画法 对于处在一般位置平面或坐标面（或其平行面）上的圆，可以用坐标法作出圆上一系列点的轴测投影，然后将各投影点光滑地连接起来，即得圆的轴测投影，图3-14a所示为一水平面上的圆，其正等测的作图步骤如下：

1）首先画出 X、Y 轴，并在其上按直径大小定出1、2、3、4点。

2）过 OY 上的 A、B、…等点作一系列平行于 OX 轴的平行弦，然后按坐标相应地作出这些平行弦长的轴测投影，即求得椭圆上的5、6、7、8、…等点（图 3-14b）。

3）光滑地连接各点，即为该圆的轴测投影（椭圆）。

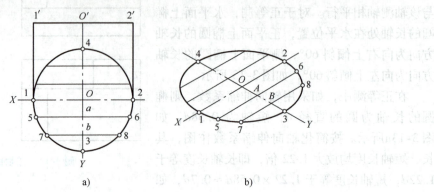

图 3-14　圆的正等测的一般画法

图 3-15a 所示为一压块，其前表面的圆弧连接部分也同样可利用一系列 Z 轴的平行线（如 BC）并按相应的坐标作出各点的轴测投影，光滑连接后即得表面的正等测（图 3-15b）；再过各点（如点 C）作 Y 轴的平行线，并量取宽度，得到后表面上的各点（如点 D），从而完成压块的正等测。

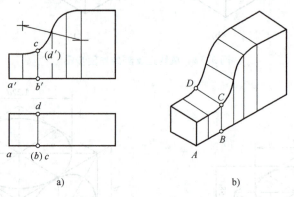

图 3-15　压块的正等测画法

为了简化作图，轴测投影中的椭圆通常采用近似画法。图 3-16 所示为正等测椭圆的近似画法，具体作图步骤如下。

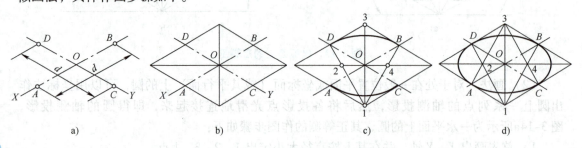

图 3-16　正等测椭圆的近似画法

1）先通过椭圆中心 O 作 X、Y 轴，并按直径 d 在轴上量取点 A、B、C、D（图3-16a）。

2）过点 A、B 与 C、D 分别作 X 轴与 Y 轴的平行线，所形成的菱形即为已知圆的外切正方形的轴测投影，而所作的椭圆则必然内切于该菱形。该菱形的对角线即为长、短轴的位置（图3-16b）。

3）分别以点1、点3为圆心，以 $1B$ 或 $3A$ 为半径作出两个大圆弧 BD 和 AC，连接 $1D$、$1B$ 与长轴相交于2、4两点，即为两个小圆弧的中心（图3-16c）。

4）分别以点2、点4为圆心，以 $2D$ 或 $4B$ 为半径作两个小圆弧与大圆弧相接，即完成该椭圆（图3-16d）。显然，点 A、B、C、D 正好是大、小圆弧的切点。XOZ 和 YOZ 面上的椭圆，仅长、短轴的方向不同，其画法与在 XOY 面上的椭圆完全相同。

5. 曲面立体的正等测画法

掌握了圆的正等测画法后，就不难画出回转体的正等测投影。图3-17a、b 分别表示圆柱和圆台的正等测画法。作图时先分别作出其顶面和底面的椭圆，再作其公切线即可。

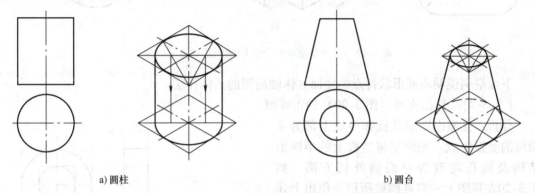

a) 圆柱　　　　　　　　　　　　　　　　b) 圆台

图3-17　圆柱和圆台的正等测画法

6. 圆角的正等测画法

分析：从图3-16所示椭圆的近似画法中可以看出，菱形的钝角与大圆弧相对，锐角与小圆弧相对；菱形相邻两条边的中垂线交点就是圆心。由此可以得出平板上圆角的正等测图的近似画法，如图3-18所示。

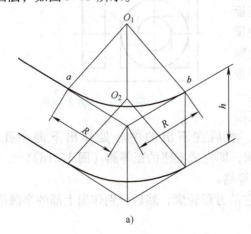
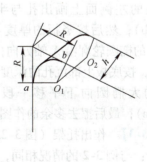

a)　　　　　　　　　　　　　　　　　　　b)

图3-18　圆角的正等测画法

作图：

1）由角顶在两条夹边上量取圆角半径得到切点，过切点作相应边的垂线，交点 O_1 即为上底面的圆角圆心。用移心法从 O_1 向下量取板厚的高度尺寸 h，即得到下底面圆角的对应圆心 O_2。

2）分别以 O_1、O_2 为圆心，由圆心到切点的距离为半径作圆弧，再作两处圆弧的外公切线，即得不同平面上圆角的正等测图。

平行于坐标平面的圆角的正等测图画法如图 3-19 所示。

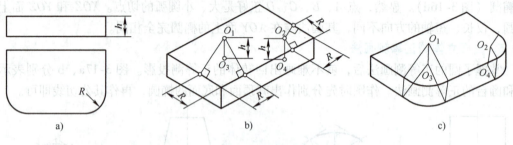

图 3-19　平行于坐标平面的圆角的正等测图画法

下面举例说明不同形状特点的曲面立体轴测图的具体作法。

【例 3-2】　作出支座（图 3-20）的正等测。

分析：支座由矩形底板和一块上部为半圆形的竖板组成。先假定将竖板上的半圆形结构及圆孔均改为它们的外切方形，如图 3-20 左视图上的双点画线所示，作出上述平面立体的正等测，然后在方形部分的正等测菱形内，根据图 3-16 所述方法，作出它的内切椭圆。底板上的阶梯孔也按同样方法作出。

作图：如图 3-21 所示。先作出底板和竖板的方形轮廓，并用点画线定出底板和竖板表面上孔的位置（图 3-21a）；再在底板的顶面和竖板的左侧面上画出孔与半圆形轮廓（图 3-21b）；然后按竖板的厚度 a，将竖板左侧面上的椭圆轮廓沿 X 轴方向向右平移一段距离 a，按底板上部沉孔的深度 b，将底板

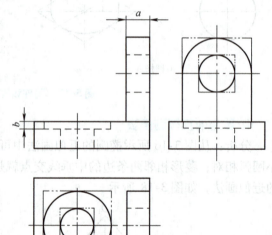

图 3-20　支座的视图

顶面上的大椭圆向下平移一段距离 b，然后在下沉的中心处作出下部小孔的轮廓（图 3-21c）；最后擦去多余的作图线并描深，即完成支座的正等测（图 3-21d）。

【例 3-3】　作出托架（图 3-22）的正等测。

分析：与例 3-2 的情况相同，先作出它的方形轮廓，然后分别作出上部的半圆槽和下面的长圆形孔。

作图：如图 3-23 所示。先作出 L 形托架的外形轮廓（图 3-23a）；再在竖板的前表面和

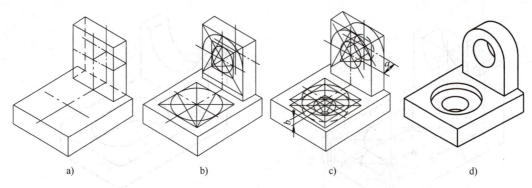

图 3-21　支座的正等测作图步骤

底板的顶面上分别作出半圆槽和长圆形孔的轮廓（图 3-23b）；然后将半圆槽的轮廓沿 Y 轴方向向后移一个竖板的厚度，将长圆形孔的轮廓沿 Z 轴方向向下移一个底板的厚度（图 3-23c）；最后擦去多余的作图线并描深，即完成托架的正等测（图 3-23d）。

托架底板前方半径为 R 的圆角部分，由于只有 1/4 圆周，因此作图时可简化，不必作出整个椭圆的外切菱形，其具体作图步骤如下：

1）在两个角上分别沿轴向取一段长度等于半径 R 的线段，得点 A、B 与点 C、D，过以上各点分别作相应边的垂线，分别交于点 O_1 及点 O_2（图 3-23b）。分别以点 O_1、点 O_2 为圆心，以 O_1A、O_2C 为半径作圆弧，即为顶面上圆角的轴测图。

2）将点 O_1 和点 O_2 垂直下移一个底板的厚度，得点 O_3 和点 O_4。分别以点 O_3、点 O_4 为圆心，作底面上圆角的正等测，对右侧圆角，还应作出上、下圆弧的公切线（图 3-23c）。

3）擦去多余的作图线并描深，即完成托架的正等测（图 3-23d）。

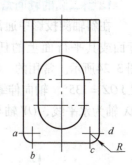

图 3-22　托架的视图

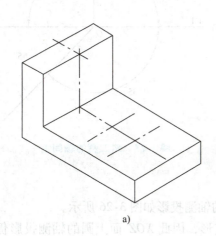

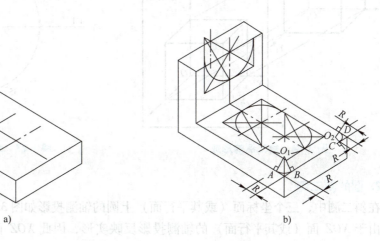

图 3-23　托架的正等测作图步骤

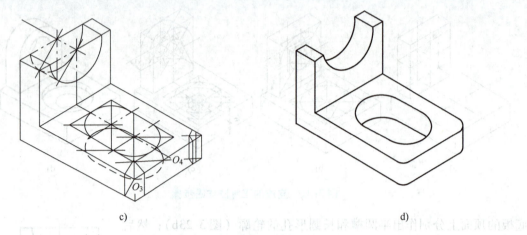
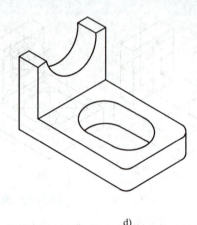

图 3-23 托架的正等测作图步骤（续）

三、斜二轴测图

1. 斜二测的轴间角和轴向伸缩系数

在斜轴测投影中通常将物体放正，使 XOZ 坐标平面平行于轴测投影面 P，因而 XOZ 坐标面或其平行面上的任何图形在 P 面上的投影都反映实形，称为正面斜轴测投影，如图 3-24 所示。常用的一种为正面斜二测（简称斜二测），其轴间角 $\angle XOZ = 90°$，$\angle XOY = \angle YOZ = 135°$，轴向伸缩系数 $p = r = 1$，$q = 0.5$。作图时，一般使 OZ 轴处于垂直位置，则 OX 轴为水平线，OY 轴与水平线成 45°，可利用 45° 三角板方便地做出轴间角（图 3-25）。

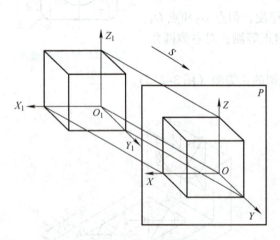

图 3-24 斜二测的形成

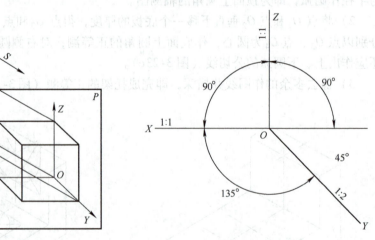

图 3-25 斜二测的轴间角

2. 圆的斜二测

在斜二测中，三个坐标面（或其平行面）上圆的轴测投影如图 3-26 所示。

由于 XOZ 面（或其平行面）的轴测投影反映实形，因此 XOZ 面上圆的轴测投影仍为圆，其直径与实际的圆相同。在 XOY 和 YOZ 面（或其平行面）上圆的斜轴测投影为椭圆，根据理论分析（证明略），其长轴方向分别与 X 轴和 Z 轴倾斜约 7°（图 3-26），这些椭圆可采用图 3-27 所示方法作出，也可采用近似画法。图 3-27 表示直径为 d 的圆在斜二测中 XOY 面上投影的画法，具体作图步骤如下：

1）首先通过椭圆中心，作 X、Y 轴，并按直径 d 在 X 轴上量取点 A、B，按 $0.5d$ 在 Y 轴上量取点 C、D（图 3-27a）。

2）过点 A、B 与点 C、D 分别作 Y 轴与 X 轴的平行线，所形成的平行四边形即为已知圆的外切正方形的斜二测，而所作的椭圆，则必然内切于该平行四边形。过点 O 作与 X 轴成 7°的斜线即为长轴的位置，过点 O 作长轴的垂线即为短轴的位置（图 3-27b）。

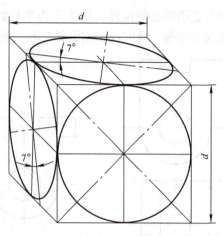

图 3-26　各个坐标面上圆的斜二测投影图

3）取 $O1 = O3 = d$，分别以点 1 和点 3 为圆心，以 $1C$ 或 $3D$ 为半径作两个大圆弧。连接 $3A$ 和 $1B$ 与长轴相交于 2、4 两点，点 2 和点 4 即为两个小圆弧的中心（图 3-27c）。

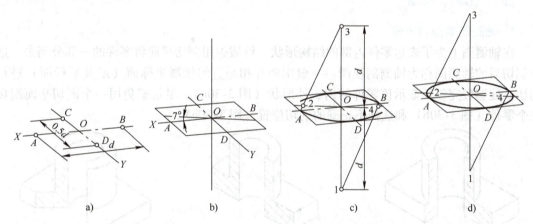

图 3-27　斜二测中 XOY 面椭圆的近似画法

4）分别以 2、4 两点为圆心，$2A$ 或 $4B$ 为半径作两个小圆弧与大圆弧相接，即完成该椭圆（图 3-27d）。

3. 曲面立体的斜二测画法

在斜二测中，由于 XOZ 面的轴测投影仍反映实形，圆的轴测投影仍为圆，因此当物体的正面形状较复杂，且此面具有较多的圆或圆弧连接时，采用斜二测作图就比较方便。下面举例说明。

【例 3-4】　作出轴座（图 3-28）的斜二测。

分析：轴座的正面（即 XOZ 面）有三个不同直径的圆或圆弧，在斜二测中都能反映实形。

作图：如图 3-29a 所示，先作出轴座正面部分的斜二测，由于该平面平行于 XOZ 平面，所以该面的投影反映实形。从正面的各点沿着 Y 轴方向向后量取 $0.5y$ 的长度得后表面投影，如图 3-29b 所示。在板的前表面上确定圆心位置，同样沿 Y 轴方向向后量取 $0.5y$ 的长度得到后表面圆心的位置,并以 R 为半径画圆弧,作两圆弧 Y 轴方向的公切线,擦去多余的作图线并描深,即完成轴座的斜二测(图 3-29c)。

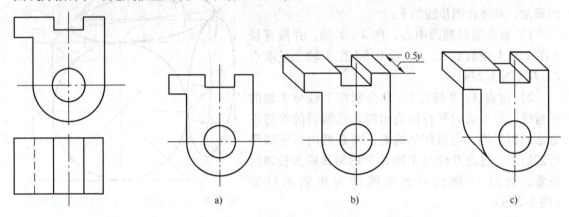

图 3-28　轴座视图

图 3-29　轴座斜二测的作图步骤

四、轴测剖视图

1. 轴测图的剖切方法

在轴测图上为了表达零件内部的结构形状,可假想用剖切平面将零件的一部分剖去,这种剖切后的轴测图称为轴测剖视图。一般用两互相垂直的轴测坐标面(或其平行面)进行剖切,能够较完整地显示该零件的内、外形状(图 3-30a)。尽量避免用一个剖切平面剖切整个零件(图 3-30b)和选择不正确的剖切位置(图 3-30c)。

a) 正确　　　　　　　　　　b) 错误　　　　　　　　　　c) 错误

图 3-30　轴测图剖切的正误方法

轴测剖视图中的剖面线方向应按图 3-31 所示方向画出,正等测中剖面线画法如图 3-31a所示,斜二测中剖面线画法如图 3-31b 所示。

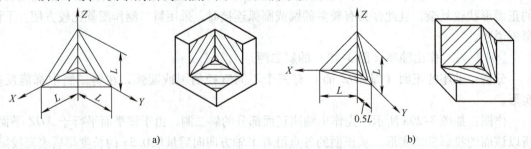

a)　　　　　　　　　　　　　　b)

图 3-31　轴测剖视图中的剖面线方向

2. 轴测剖视图的画法

轴测剖视图一般有两种画法。

1）先把物体完整的轴测外形图画出，然后沿轴测轴方向用剖切平面将其剖开。如图 3-32a 所示套筒，要求画出它的正等轴测剖视图。先画出它的外形轮廓，如图 3-32b 所示；然后沿 X、Y 轴方向分别画出其断面形状，并画上剖面线，即完成该套筒的轴测剖视图，如图 3-32c 所示。

2）先画出断面的轴测投影，然后再画出断面外部看得见的轮廓，这样可减少很多不必要的作图线，使作图更为迅速。如图 3-33a 所示的底座，要求画出它的斜二测轴测剖视图。由于该底座的轴线处在铅垂线位置，故采用通过该轴线的正平面及侧平面将其左下方剖切掉 1/4。分别画出正平剖切平面及侧平剖切平面剖切所得剖面的斜二测，并画上剖面线，如图 3-33b 所示。

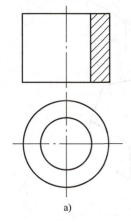
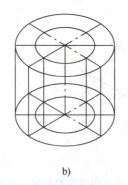
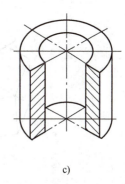

a)　　　　　　　　b)　　　　　　　　c)

图 3-32　轴测剖视图的画法（一）

用点画线确定前后各表面上各个圆的圆心位置。然后再过各圆心作出各表面上未被剖切的 3/4 部分，擦去多余作图线，即完成该构件的轴测剖视图，如图 3-33c 所示。

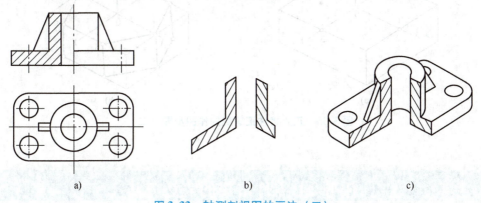

a)　　　　　　　　b)　　　　　　　　c)

图 3-33　轴测剖视图的画法（二）

【任务指导】

分析：由于作物体的轴测图时，习惯上是不画出其虚线的，因此作正六棱柱的轴测图时，为了减少不必要的作图线，先从顶面开始作图比较方便。

作图：如图 3-34 所示，取坐标轴原点 O 作为六棱柱顶面的中心，按坐标尺寸 a 和 b 求得轴测图上的点 1、4 和点 7、8（图 3-34a）；过点 7、8 作 X 轴的平行线，按 Z 坐标尺寸求得 2、3、5、6 点，作出六棱柱顶面的轴测投影（图 3-34b）；再向下画出各垂直棱线，量取高度 h，连接各点，作出六棱柱的底面（图 3-34c）；最后擦去多余的作图线并描深，即完成正六棱柱的正等测（图 3-34d）。

也可假设六棱柱原来是一个长方块，如图 3-35a 所示；然后切去四角，如图 3-35b 所示。

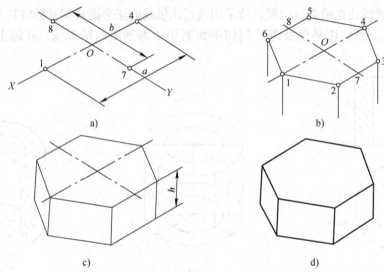

图 3-34　正六棱柱正等测的作图步骤（一）

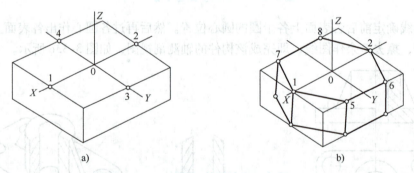

图 3-35　正六棱柱正等测的作图步骤（二）

任务 2　零件常用的表达方法

【任务目标】

1）掌握视图、剖视图和断面图的基本概念、画法、标注方法和使用条件。

2）基本掌握局部放大图和常用的简化表示法。

3）能初步应用各种表达方法，比较完整、清晰地表达物体内、外的结构形状。

4）了解第三角画法的基本内容。

【知识链接】

前面介绍了正投影的基本理论以及用三视图来表示物体的方法。但是，在工程实际中，零件的形状是千变万化的，有些零件的外部形状和内部形状都比较复杂，仅采用三视图往往不能将它们完整、清晰地表达出来，还需要采用其他表达方法，才能使画出的图样清晰易懂，而且绘图简便。为此，国家标准《机械制图　图样画法》中规定了各种表达方法，如视图、剖视图、断面图、局部放大图、简化画法及其他规定画法等。

一、视图

1. 基本视图

基本视图是零件向基本投影面投射所得的图形。在原来三投影面基础上，再增加三个基本投影面，构成六面体方框，将零件围在其中，这正六面体的六个面均为基本投影面。将零件向六个基本投影面投射，即可得到六个基本视图。除前面已学过的主、俯、左三个视图外，另外三个视图分别为：

右视图——从右向左投射所得的视图，反映零件的高与宽。

仰视图——从下向上投射所得的视图，反映零件的长与宽。

后视图——从后向前投射所得的视图，反映零件的长与高。

各个投影面展开时，规定正立投影面不动，其余各投影面按图3-36箭头所示的方向，展开到与正立投影面在一个平面上。

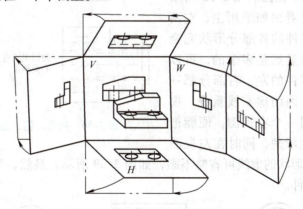

图3-36 六个基本投影面的展开

六个基本视图之间仍应保持"长对正、高平齐、宽相等"的投影关系，即

1）主、俯、仰、后视图保持长对正的关系。

2）主、左、右、后视图保持高平齐的关系。

3）左、右、俯、仰视图保持宽相等的关系。

对于左、右、俯、仰视图，靠近主视图的一边代表物体的后面，远离主视图的一边代表物体的前面。

在同一张图样内，各视图按照图 3-37 所示的形式配置时，一律不标注视图的名称。

(仰视图)

(右视图)　　　(主视图)　　　(左视图)　　　(后视图)

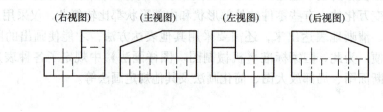

(俯视图)

图 3-37　六个基本视图的配置

在实际绘图时，应根据零件的形状和结构特点，在完整、清晰地表达物体特征的前提下，使视图数量为最少，以力求制图简便，根据以上原则选用其中必要的几个基本视图。选用基本视图时一般优先选用主、俯、左三个基本视图。图 3-38 所示为支架的三视图，可看出如采用主、左两个视图，已经能将零件的各部分形状完全表达，这里的俯视图显然是多余的，可以省略不画。但由于零件的左、右部分都一起投射在左视图上，因而虚实线重叠，很不清楚。如果再采用一个右视图，便能把零件右边的形状表达清楚，同时在左视图上表示零件右边孔腔形状的虚线可省略不画，如图 3-39 所示。显然，采用主、左、右三个视图更适合表达该零件。

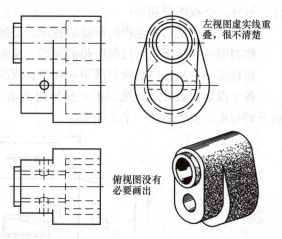

左视图虚实线重叠，很不清楚

俯视图没有必要画出

图 3-38　用主、俯、左视图表达支架

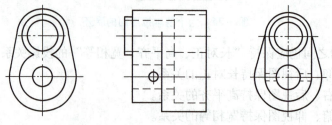

图 3-39　用主、左、右视图表达支架

2. 向视图

在同一张图样内，各视图按照图 3-37 所示的形式配置时，一律不标注视图的名称。如果不能按照图 3-37 所示配置时，应在视图上方标出视图的名称"×"（×为大写拉丁字母的代号），并在相应的视图附近用箭头指明投射方向，注上相同的字母，如图 3-40 所示。这种位置可自由配置视图称为向视图。

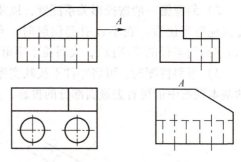

图 3-40　向视图

3. 局部视图

将零件的某一部分向基本投影面投射所得的视图称为局部视图。局部视图的断裂边界用波浪线表示，如图 3-41 中的 A 向局部视图。当零件在某个方向仅有部分形状需要表达，没有必要画出整个基本视图时，可采用局部视图。

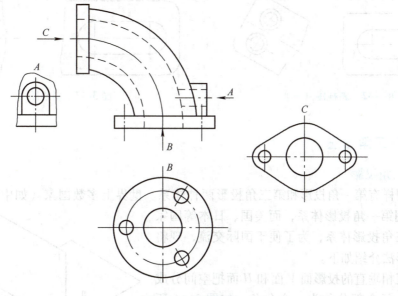

图 3-41　局部视图

画局部视图时应注意以下几点：

1）一般在局部视图上方标出视图的名称"×"；在相应的视图附近用箭头指明投射方向，并注上同样的字母。

2）当局部视图按投影关系配置，中间又没有其他图形隔开时，可省略标注，如图 3-41 中的俯视图；也可画在图样的其他地方，如图 3-41 中的 C 向局部视图。

4. 斜视图

当零件上有不平行于基本投影面的倾斜结构时，基本视图无法表达这部分的真实形状，给画图、看图和标注尺寸都带来不便。为了表达该结构的实形，可选用一个与倾斜结构平行的投影面，将倾斜结构向该投影面投射，便可得到倾斜部分的实形。这种将零件向不平行于任何基本投影面的平面投射所得的视图，称为斜视图，如图 3-42 所示。

画斜视图时应注意以下几点：

1）斜视图要标注。必须在斜视图上方标出视图的名称"×"；在相应的视图附近用箭头指明投射方向，并注上同样的字母"×"，如图3-42所示。

2）斜视图一般按投影关系配置，以便于画图和看图，如图3-42所示，必要时也可配置在其他适当位置。在不致引起误解时，允许将图形旋转，并在该视图上方标注旋转符号（以字高为半径的半圆弧），大写拉丁字母在旋转符号的箭头端，如图3-43所示。

3）画斜视图时，可将零件不反映实形的部分用波浪线断开而省略不画。同样，在相应的基本视图中也可省去倾斜部分的投影，如图3-42和图3-43所示。

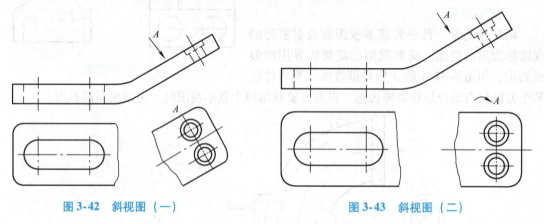

图3-42　斜视图（一）　　　　　　　　　图3-43　斜视图（二）

二、第三角画法

1. 第三角投影

工程图样有第一角投影和第三角投影两种体系。世界上多数国家（如中国、英国、德国等）采用第一角投影体系，而美国、日本等国家则采用第三角投影体系，为了便于国际交流，现将第三角投影法介绍如下。

两个互相垂直的投影面 V 面和 H 面把空间分成四个部分，每个部分称为一个分角，如图3-44所示。第三角投影就是将物体置于第三分角内，并使投影面处于观察者与物体之间而得到的多面正投影。第三角投影也称为第三角画法。

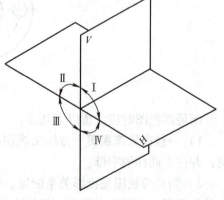

图3-44　四个分角

2. 第三角投影中的三面视图

（1）三面视图的形成　按照第三角投影，假想将物体放在三个互相垂直的透明投影面体系中，即放在 H 面之下、V 面之后、W 面之左的空间，然后分别沿三个方向进行投射，如图3-45所示。从前向后投射，在 V 面上得到的投影称为主视图；从上向下投射，在 H 面上得到的投影称为俯视图；从右向左投射，在 W 面上得到的投影称为右视图。

为了使三个投影面展开成一个平面，规定 V 面不动，H 面绕它与 V 面的交线向上翻转90°，W 面绕与 V 面的交线向右旋转90°，即可得到如图3-46a所示的三视图。在实际画图

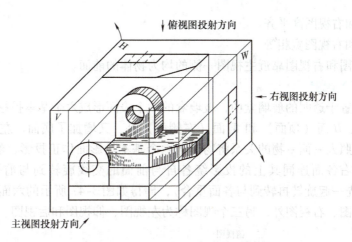

图 3-45　第三角画法中三视图的形成

时，投影的边框不必画出，如图 3-46b 所示。

三个视图的位置关系是：俯视图在主视图的上方，右视图在主视图的右方。

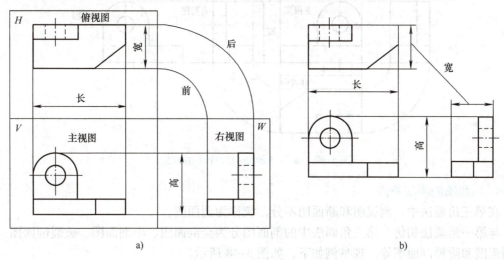

图 3-46　第三角画法中三视图位置

（2）三视图形成的特点　与第一角画法比较，第三角画法三视图的形成有如下特点：

1）第一角画法为人－物－面的位置关系，即物体在人和投影面之间；第三角画法为人－面－物的位置关系，即投影面在物体与人之间。

2）展开时投影面翻转方向与观察者视线方向的关系。第一角画法中，投影面展开时，H 面和 W 面均顺着观察者的视线方向翻转。而在第三角画法中，H 面和 W 面均逆着观察者的视线方向翻转，即人从 H 面上方向下观察物体，H 面向上翻转；人从 W 面右方向左观察物体，W 面向右翻转。所以，在第三角画法中俯视图在主视图的上方，右视图在主视图的右方。

明确以上两个特点对用第三角画法画图和读图是极为重要的。

（3）三视图之间的投影关系

1）主视图和俯视图长对正。

2）主视图和右视图高平齐。

3）俯视图和右视图宽相等。

注意：俯视图和右视图靠近主视图一侧的均为物体的前面。

3. 六面视图的配置

假想将物体置于透明的玻璃盒中，玻璃盒的六个表面形成六个基本投影面。除前面介绍的 V 面（前面）、H 面（顶面）和 W 面（右侧面）外，又增加了底面、左侧面和后面三个投影面。仍然按照人－面－物的关系将物体向六个基本投影面作正投影，然后使前面不动，令顶、底、左、右各面连同其上的投影绕各自与前面的交线旋转到与前平面重合的位置（后面随右侧面先一起旋转再转到与各面重合），即得如图 3-47 所示的六面视图。除已介绍的主视图、俯视图、右视图外，另三个视图称为左视图、仰视图和后视图。

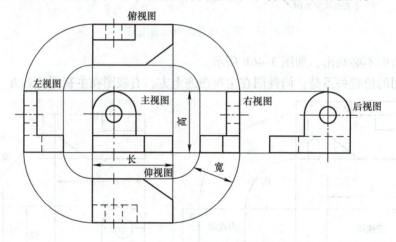

图 3-47　第三角画法中六面视图位置

4. 剖面图的画法特点

在第三角画法中，剖视图和断面图不分，统称为剖面图。

与第一角画法相仿，第三角画法中的剖面图分为全剖面图、半剖面图、破裂剖面图、旋转剖面图和阶梯剖面图等。现举例如下，如图 3-48 所示。

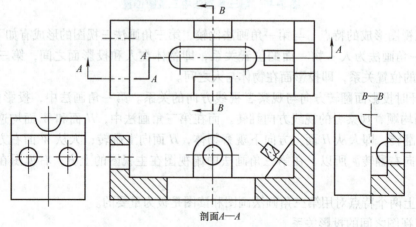

剖面A—A

图 3-48　第三角画法中的剖面画法

从图 3-48 可见，主视图是阶梯全剖面，右视图取的是半剖面。主视图中，右边的肋板剖后也不画剖面线。肋的移出剖面在第三角画法中称为移出旋转剖面，其上的破裂线用粗实线画出。

剖面的标注与第一角画法中的标注也有不同，剖切线以粗的双点画线表示，并以箭头指明视线的方向。剖面的名称写在剖面图的下方。半剖面一般只标出剖切面的位置和视线的方向，不标注剖面的名称。

5. 第三角画法和第一角画法的识别符号

为了识别第三角画法与第一角画法，国际标准化组织（ISO）规定了第三角画法的识别符号，如图 3-49 所示。图 3-50 所示为第一角画法的识别符号。

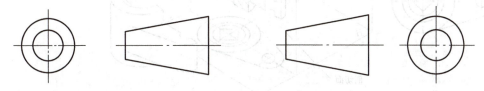

图 3-49　第三角画法的识别符号　　　　图 3-50　第一角画法的识别符号

任务3　识读剖视图

【任务目标】

1）掌握剖视图的基本概念。
2）重点掌握剖视图的种类及使用条件。
3）掌握剖视图尺寸标注的基本规定。

【知识链接】

当零件的内部结构形状复杂时，视图上就会出现许多虚线，从而影响图形的清晰性和层次性，既不利于看图，又不便于标注尺寸。为了清晰地表达零件的内部结构形状，可采用剖视图。

一、剖视图的概念

假想用剖切面剖开零件，将处在观察者与剖切面之间的部分移去，而将其余部分向投影面投射所得到的图形称为剖视图（简称剖视）。

如图 3-51 所示，采用正平面作为剖切面，在该零件的对称平面处假想将它剖开，移去前面部分，使零件内部的孔、槽等结构显示出来，从而在主视图上得到剖视图。这样原来不可见的内部结构在剖视图上成为可见部分，虚线可以画成粗实线。由此可见，剖视图主要用于表达零件内部或被遮盖部分的结构形状。

剖切面将零件切断的部分，称为剖面。在剖面上应填充剖面符号，对于不同的材料，国家标准规定采用不同的剖面符号，见表 3-1。机械制造领域采用最多的材料是金属，它的剖面符号为与水平方向成 45°、方向及间隔一致的细实线（左、右倾斜都可以），通常称为剖面线。剖切面后的可见轮廓线要用粗实线画出，不能遗漏。

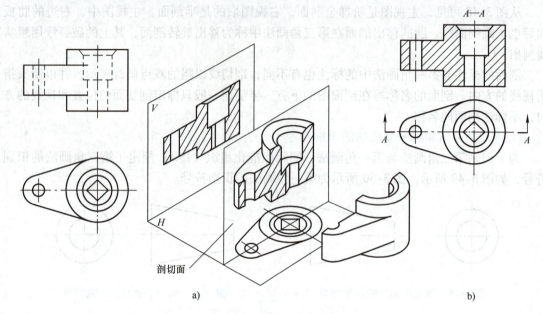

图 3-51 剖视图的概念

表 3-1 剖面符号

金属材料（已有规定剖面符号者除外）		木质胶合板（不分层数）	
线圈绕组元件		基础周围的泥土	
转子、电枢、变压器和电抗器等的叠钢片		混凝土	
非金属材料（已有规定剖面符号者除外）		钢筋混凝土	
玻璃及供观察用的其他透明材料		格网（筛网、过滤网等）	
型砂、填砂、粉末冶金、砂轮、陶瓷刀片、硬质合金刀片等		固体材料	
木材	纵剖面	液体	
	横剖面		

注：1. 剖面符号仅表示材料的类别，材料的代号和名称必须另行注明。

2. 叠钢片的剖面线方向，应与束装中叠钢片剖面线的方向一致。

3. 液面用细实线绘制。

国家标准规定用剖切符号表示剖切平面的位置和投射方向。用粗短画（线长5～8mm）表示剖切面的起、迄和转折位置，用与起、迄粗短画外端垂直的箭头表示投射方向，如图3-51所示。

1）一般应在剖视图的上方用字母标出剖视图的名称"×—×"。在相应的视图上用剖切符号表示剖切平面的位置及投射方向，并注上同样的字母，如图3-51b中的A—A剖视图。

2）当剖视图按投影关系配置，中间又没有其他图形隔开时，可省略箭头。

3）当单一剖切面通过零件的对称平面或基本对称平面，且剖视图按投影关系配置，中间又没有其他图形隔开时，可省略标注。

当图形的主要轮廓线与水平方向成45°时，剖面线应画成与水平方向成30°或60°，其倾斜方向仍与其他图形剖面线一致，如图3-52所示。

画剖视图时应注意以下几点：

1）因为剖切是假想的，其实零件并没有被剖开，所以除剖视图外，其余的视图应画成完整的图形。

2）为了剖视图上不出现多余的交线，选择的剖切面应通过零件的对称平面或回转中心线。

3）剖视图中一般不画虚线，但当画少量的虚线可以减少某个视图，而又不影响剖视图的清晰时，也可以画这种虚线。

4）在剖视图中，剖切面后面的可见轮廓线一定要画出，不能遗漏，如图3-53所示。

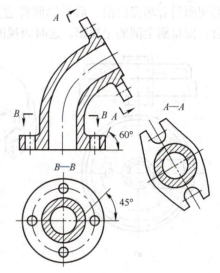

图3-52 剖面线的画法

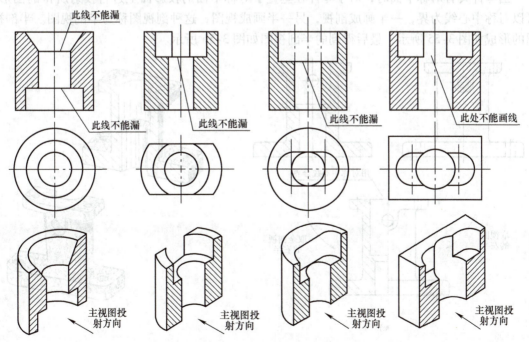

图3-53 剖视图中容易漏的线条

二、剖视图的种类

1. 全剖视图

用剖切面完全地剖开零件所得的剖视图称为全剖视图。

图 3-54a 所示端盖的外形比较简单，内部结构形状比较复杂，且前后对称，假想用一个剖切面沿着端盖的前、后对称面将它完全剖开，移去前半部分，将其余部分向正面进行投射，便得到全剖的主视图，这时俯视图中的虚线可以省略，如图 3-54b 所示。

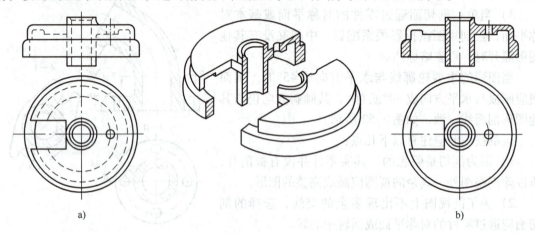

a)   b)

图 3-54　全剖视图

全剖视图适用于内部结构形状比较复杂且不对称的零件，或外形简单的回转体零件。

2. 半剖视图

当零件具有对称平面时，对于零件在垂直于对称平面的投影面上进行投射所得的图形，可以对称中心线为界，一半画成剖视，另一半画成视图，这种剖视图称为半剖视图。半剖视图的形成如图 3-55 所示，最后得到的半剖视图如图 3-56 所示。

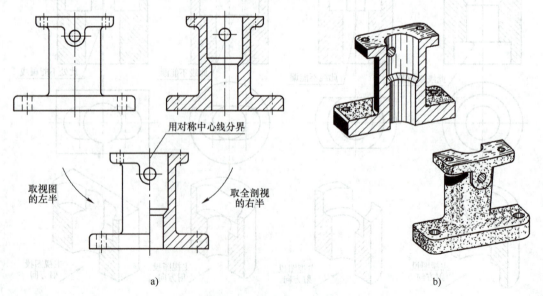

用对称中心线分界

取视图的左半　　　　取全剖视的右半

a)   b)

图 3-55　半剖视图的形成

半剖视图适用于具有对称平面，且内外结构均需要表达的零件。当零件的形状接近于对称，且不对称的部分已另有图形表达清楚时，也可以画成半剖视图，如图3-57b所示。

画半剖视图时应注意以下几点：

1）半剖视图是由半个外形视图和半个剖视图组成的，而不是假想将零件剖去1/4，因而视图与剖视之间的分界线是点画线而不是粗实线，如图3-56和图3-57所示。

2）由于半剖视图的对称性，外形视图中的虚线应省略不画。

3）半剖视图的标注方法与全剖视图相同。

3. 局部剖视图

用剖切面局部地剖开零件所得的图形称为局部剖视图。在局部剖视图上，视图部分和剖视部分以波浪线分界，波浪线要画在零件的实体部分轮廓内，不应超出视图轮廓线，也不应和图形上的其他图线重合。

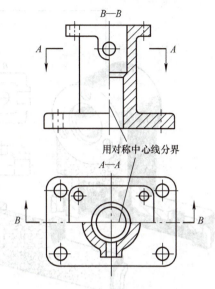

图3-56　半剖视图（一）

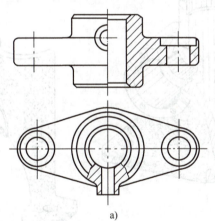

a)

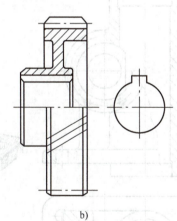

b)

图3-57　半剖视图（二）

图3-58所示为一轴承座，从主视图方向看，零件下部的外形较简单，可以剖开以表示其内腔，但上部必须表达圆形凸缘及三个螺孔的分布情况，故不宜采用剖视；左视图则相反，上部宜剖开以表示其内部不同直径的孔，而下部则要表达零件左端的凸台外形；因而在主、左视图上均根据需要而画成相应的局部剖视图。在两个视图上尚未表达清楚的长圆形孔等结构及右边的凸耳，可采用局部视图B和A—A局部剖视图表示。

如图3-59所示，当不对称零件的内、外形状均需要表达，而它们的投影基本上不重叠时，采用局部剖视图可以把零件的内、外形状都表示清楚。

局部剖视图是一种比较灵活的表达方法，在下列几种情况下宜采用局部剖视图。

1）零件只有局部的内部结构形状需要表达，而不必或不宜采用全剖视图时，可用局部

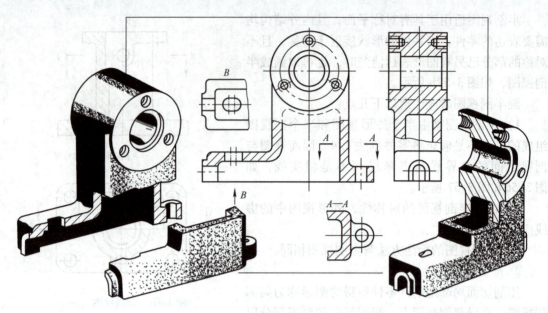

图 3-58　用局部剖视图表达轴承座

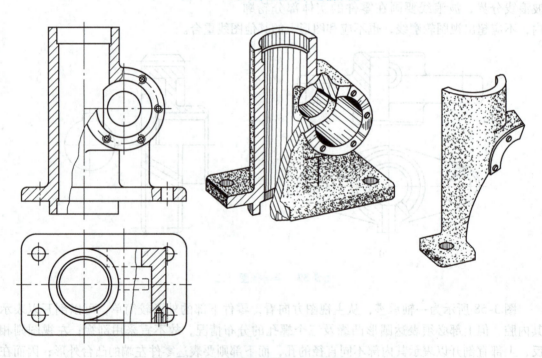

图 3-59　用局部剖视图表达复杂零件

剖视图表达，如图 3-60 所示。

2）零件内、外结构形状均需表达而又不对称时，可用局部剖视图表达，如图 3-59 所示。

3）零件虽然是对称的，但由于轮廓线与对称线重合而不宜采用半剖视图时，可用局部剖视图表达，如图 3-60 所示。

画局部剖视图时应注意以下几点：

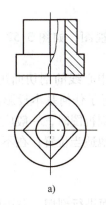 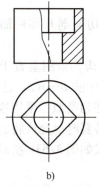 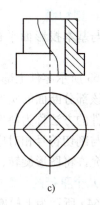

图 3-60 局部剖视图

1）区分视图与剖视图部分的波浪线，应画在零件的实体上，不应超出视图轮廓线，也不画入孔、槽之内，而且不能与图形上的其他图线重合，如图 3-61 所示。

2）当被剖切的局部结构为回转体时，允许将该结构的轴线作为剖视与视图的分界线。

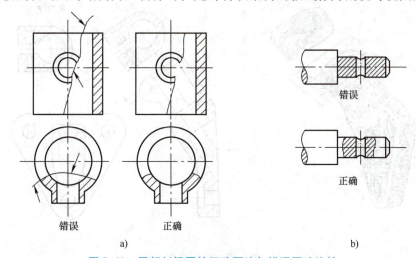

图 3-61 局部剖视图的正确画法与错误画法比较

3）局部剖视图的标注方法与全剖视图相同，对于剖切位置明显的局部剖视图，一般可省略标注。

4）剖中剖的情况，即在剖视图中再作一次简单剖视图的情况，可用局部剖视图来表达，如图 3-62 所示。

三、剖切面的种类

多数剖视图采用平面来剖切零件，也可以采用柱面剖切。根据零件结构形状的不同，可以采用单一的剖切面，也可以采用两个相交、几个互相平行或其他组合形式的剖切面等。

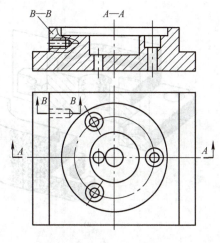

图 3-62 剖中剖

1. 单一剖切面

采用与基本投影面平行的一个剖切面剖开零件而获得的剖视图,如图 3-52、图 3-54 所示。

图 3-63 所示零件上部具有倾斜结构,采用垂直于倾斜结构中心线的剖切面进行剖切,才能反映该部分断面的实形(图 3-63 中的 *B—B*)。这种用不平行于任何基本投影面的剖切面剖开零件的方法称为斜剖。与斜视图相类似,采用这种方法画剖视图时,一般应按投影关系配置在与剖切符号相对应的位置,必要时也允许将它配置在其他适当位置;在不致引起误解时,也允许将图形旋转,其标注形式如图 3-63b 所示。

2. 用几个平行的平面剖切

图 3-64a 所示为下模座,若采用一个与对称平面重合的剖切面进行剖切,左边的两个孔将剖不到。可假想通过左边孔的轴线再作一个与上述剖切面平行的剖切平面,这样可以在同一个剖视图上表达出两个平行剖切面所剖切到的结构,如图 3-64b 所示。这种用几个互相平行的剖切面剖开零件的方法称为阶梯剖。阶梯剖必须进行标注。

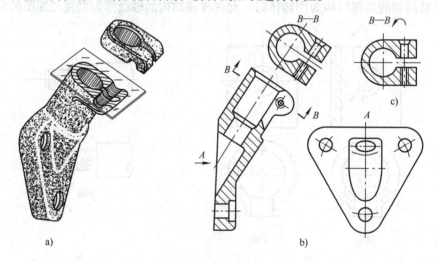

图 3-63　斜剖视图

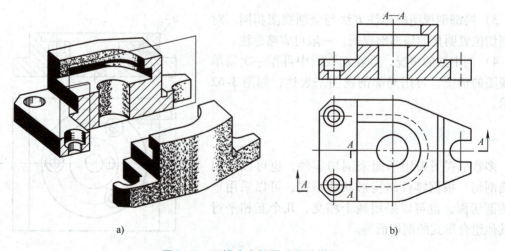

图 3-64　下模座主视图采用阶梯剖

采用阶梯剖时必须注意以下几点：

1）阶梯剖虽然是采用两个或多个互相平行的剖切面剖开零件，但画图时不应画出剖切面的分界线，如图3-65a所示的画法是错误的。

2）剖切面的转折处不应与视图中的粗实线或虚线重合。

3）采用阶梯剖时，在图形内不应出现不完整的要素。如图3-65b所示，由于一个剖切面只剖到半个左边孔，因此在剖视图上就出现不完整孔的投影，这种画法是错误的。只有当两个要素在图形上具有公共对称中心线或轴线时，国家标准规定可以各画一半，此时应以对称中心线或轴线为界，如图3-66中的*A—A*剖视图。

3. 几个相交的剖切面（交线垂直于某一投影面）

图3-67所示端盖若采用单一剖切面，则零件上四个均匀分布的小孔没剖切到。此时可假想再作一个与上述剖切面相交在零件轴线的倾斜剖切面，来剖切其中的一个小孔，使被剖切到的倾斜结构在剖视图上反映实形，可将倾斜剖切面剖开的结构及其有关部分旋转到与选定的投影面平行后再进行投射，这样就可以在同一剖视图上表达出两个相交剖切面所剖切到的结构。这种用两个相交的剖切面（交线垂直于某一基本投影面）剖开零件的方法称为旋转剖。

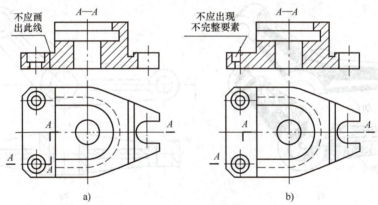

图3-65 采用阶梯剖时的两种错误画法

旋转剖不仅适用于盘盖类零件，在其他形状的零件中也可采用，如图3-68所示的摇杆俯视图也采用了旋转剖。此零件上的肋按国家标准规定，如剖切面按肋的纵向剖切，则肋的轮廓范围内不画剖面线，而用粗实线将它与其邻接部分分开。

采用旋转剖时，在剖切面后的其他结构一般仍按原来位置投射，如图3-68b中的油孔在俯视图上的投影。旋转剖必须进行标注。

当剖切零件后零件上产生不完整的要素时，应将此部分按不剖绘制，如图3-68所示零件的臂仍按未剖时的投影画出。

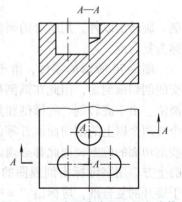

图3-66 两个要素在图上具有公共对称中心线时允许各画一半

如图3-69和图3-70所示，为了表达零件上各种孔或槽等结构，可采用几个剖切面进行剖切。这些剖切面可以平行或倾斜于投影面，但都同时垂直于另一个投影面。这种除了阶梯

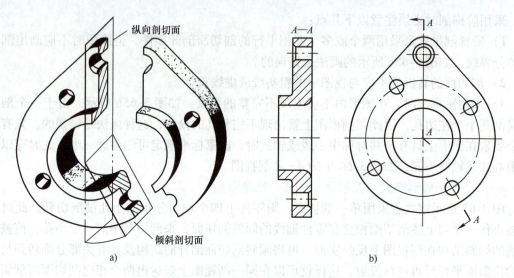

纵向剖切面

倾斜剖切面

a)

b)

图 3-67　端盖的主视图采用旋转剖

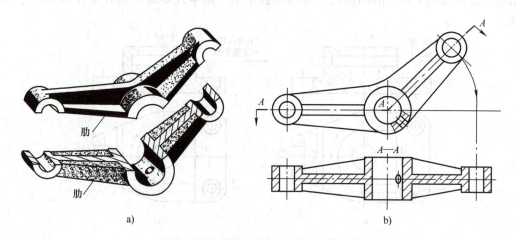

肋

肋

a)

b)

图 3-68　摇杆的俯视图采用旋转剖

剖、旋转剖以外，用组合的剖切面剖开零件的方法称为复合剖。

图 3-70 所示的零件，由于采用了四个连续相交的剖切面剖切，因此在画剖视图时，可采用展开画法。由于旋转剖、阶梯剖和复合剖都是采用了两个或两个以上的剖切面剖开零件，为了明确表示这些剖切面的位置，因此都必须进行标注。在剖视图的上方，用字母标出剖视图的名称"×—×"。对于展开的复合剖，应标出"×—×"（图 3-70）。

在相应的视图上，在剖切面的起、迄和转折处应画出剖切符号，并用相同的字母标出（图 3-71）；但当转折处位置有限又不致引起误解时，允许省略字母。必须注意，在起、迄两端画出

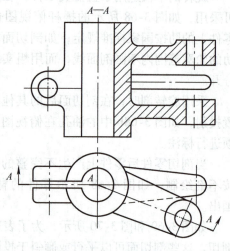

图 3-69　旋转剖视图

的箭头是表示投射方向的，与旋转剖的旋转方向无关。

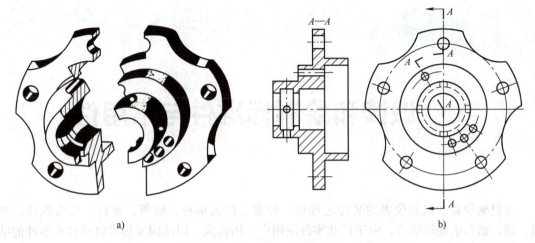

图3-70 采用复合剖的形式（一）

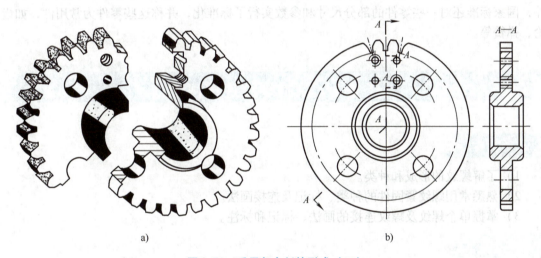

图3-71 采用复合剖的形式（二）

识读和绘制标准件与常用件

在机械设备和仪器仪表的装配过程中，经常会用到螺栓、螺母、螺钉、双头螺柱、垫圈、键、销和滚动轴承等，由于这些零件应用广、用量大，因此国家标准针对这些零件的结构和尺寸给出了统一规定，并称这些零件为标准件。标准件由专门厂家进行大批量生产。此外，国家标准还对一些零件的部分尺寸和参数实行了标准化，并称这些零件为常用件，如齿轮、弹簧等。

任务1　绘制螺纹连接视图

【任务目标】

1）了解螺纹的形成和种类。
2）熟悉常用螺纹紧固件的种类、标记及连接画法。
3）掌握单个螺纹及螺纹连接的画法、标记和标注。

【任务要求】

根据图 4-1 所示螺栓连接（M20）的结构示意图绘制螺栓连接图。

【知识链接】

一、螺纹的基础知识

螺纹是零件上常见的一种结构，有外螺纹和内螺纹两种，成对使用。在圆柱或圆锥外表面上形成的螺纹称为外螺纹，如图 4-2a 所示；在圆柱或圆锥内表面上形成的螺纹称为内螺纹，如图 4-2b 所示。

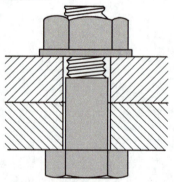

图 4-1　螺栓连接结构示意图

1. 螺纹的种类

按照螺纹的用途，可将螺纹分成连接螺纹和传动螺纹。

（1）连接螺纹　连接螺纹是指起连接和紧固作用的螺纹，常用的有四种标准螺纹，即粗牙普通螺纹、细牙普通螺纹、55°非密封管螺纹和锥螺纹，见表 4-1。它们的牙型均为三角形。

a) 外螺纹　　　　　　　　　　　　　b) 内螺纹

图 4-2 螺纹

表 4-1 常用标准螺纹的种类、代号和标注

螺纹类别		特征代号	牙 型	标注示例	说 明
连接和紧固用螺纹	粗牙普通螺纹	M		M16	粗牙普通螺纹 公称直径为16mm；中径公差带和大径公差带均为6g（省略不标）；中等旋合长度；右旋
	细牙普通螺纹		60°	M16×1	细牙普通螺纹 公称直径为16mm，螺距1mm；中径公差带和小径公差带均为6H（省略不标）；中等旋合长度；右旋
55°管螺纹	55°非密封管螺纹	G		G1A　G1	55°非密封管螺纹 G——螺纹特征代号 1——尺寸代号 A——外螺纹公差等级代号
	55°密封管螺纹	圆锥内螺纹	Rc	55°	Rc1½　R₂1½	55°密封管螺纹 Rc——圆锥内螺纹 Rp——圆柱内螺纹 R₁——与圆柱内螺纹相配合的圆锥外螺纹 R₂——与圆锥内螺纹相配合的圆锥外螺纹 1½——尺寸代号
		圆柱内螺纹	Rp		
		圆锥外螺纹	R₁ R₂		
传动螺纹	梯形螺纹	Tr	30°	Tr36×12(P6)-7H	梯形螺纹 公称直径为36mm，双线螺纹，导程为12mm，螺距为6mm；中径公差带为7H；中等旋合长度；右旋

（2）传动螺纹　传动螺纹是用作传递动力或运动的螺纹，常用的有以下两种标准螺纹。

1）梯形螺纹。梯形螺纹牙型为等腰梯形，牙型角为30°。它是最常用的传动螺纹。

2）锯齿形螺纹。锯齿形螺纹是一种传递单向力的传动螺纹，牙型为非等腰梯形，一侧边与铅垂线的夹角为30°，另一边为3°，形成33°的牙型角。

以上是标准螺纹，若螺纹仅牙型符合标准，大径和螺距不符合标准，则称为特殊螺纹。若牙型也不符合标准，则称为非标准螺纹（如方牙螺纹）。

2. 螺纹的五要素

螺纹的基本要素有五个，即牙型、直径、螺距（或导程）、线数和旋向。只有这五要素完全相同的内、外螺纹，才能成对配合使用。

（1）牙型　牙型是指在通过螺纹轴线平面上的螺纹轮廓形状。常见的牙型有三角形、梯形和锯齿形等，如图4-3所示。常用普通螺纹的牙型为三角形，牙型角为60°。

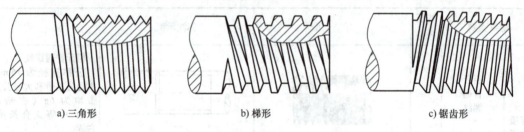

a) 三角形　　　　　　b) 梯形　　　　　　c) 锯齿形

图4-3　螺纹的牙型

（2）直径　螺纹的直径有大径、小径和中径之分，如图4-4所示。

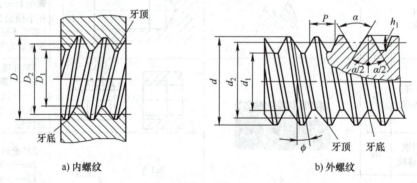

a) 内螺纹　　　　　　　　　　　b) 外螺纹

图4-4　螺纹各部分名称及代号

大径：与外螺纹牙顶或内螺纹牙底相切的假想圆柱或圆锥的直径，内、外螺纹的大径分别用 D 和 d 表示。除管螺纹外，通常所说的公称直径均指螺纹大径。

小径：与外螺纹牙底或内螺纹牙顶相切的假想圆柱或圆锥的直径，内、外螺纹的小径分别用 D_1 和 d_1 表示。

中径：假想有一圆柱面或圆锥面，且该圆柱面或圆锥面的素线在通过牙型上的沟槽和凸起处宽度相等，则该假想柱面或锥面的直径称为中径，内、外螺纹的中径分别用 D_2 和 d_2 表示。

（3）线数 n 　线数是指形成螺纹的螺旋线的条数，用 n 表示。螺纹根据线数的不同可分为单线螺纹和多线螺纹，如图4-5所示。

1）单线螺纹：沿一条螺旋线所形成的螺纹。

2）多线螺纹：沿两条或两条以上螺旋线所形成的螺纹。

（4）螺距 P 和导程 P_h　螺距是指螺纹相邻两牙在中径线上对应两点之间的轴向距离，用 P 表示；导程是指同一条螺旋线上相邻两牙在中径线上对应两点间的轴向距离，用 P_h 表示。螺距 P、导程 P_h 和线数 n 的关系为

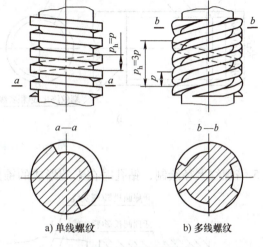

单线螺纹　　$P_h = P$

多线螺纹　　$P_h = nP$

（5）旋向　螺纹有左旋和右旋两种，如图4-6所示。工程上常用右旋螺纹。

右旋螺纹：顺时针方向旋进，其螺纹线的特征是左低右高，标记为 RH。

左旋螺纹：逆时针方向旋进，其螺纹线的特征是左高右低，标记为 LH。

a) 单线螺纹　　　　b) 多线螺纹

图4-5　螺纹线数

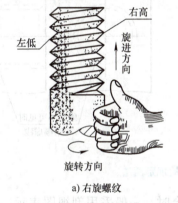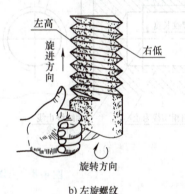

a) 右旋螺纹　　　　　　b) 左旋螺纹

图4-6　螺纹的旋向

3. 螺纹的规定画法

由于螺纹的真实投影比较复杂，为了简化作图，国家标准（GB/T 4459.1—1995）针对各种螺纹的画法给出了统一规定。

（1）外螺纹的规定画法　如图4-7a所示，在投影为非圆的视图中，螺纹大径用粗实线表示，螺纹小径用细实线表示（取小径 $d_1 = 0.85d$），并画入倒角内。螺纹终止线用粗实线表示，螺尾部分一般不必画出。但当需要表示螺尾时，可用与轴线成30°的细实线表示。

在投影为圆的视图中，表示螺纹大径的圆用粗实线画出，表示螺纹小径的圆用细实线只画约3/4圆弧，倒角圆省略不画。螺纹局部剖视图的画法如图4-7b所示。

（2）内螺纹的规定画法　内螺纹通常用剖视图表示。在非圆视图中，螺纹大径用细实线画出，小径用粗实线画出，螺纹终止线用粗实线画出，剖面线画到粗实线处。在投影为圆的视图中，螺纹大径用细实线圆画约3/4圆弧，小径用粗实线圆表示，倒角圆省略不画，如图4-8所示。

当螺纹孔为不通孔时，应将钻孔深度和螺孔深度分别画出，且终止线到孔末端的距离按

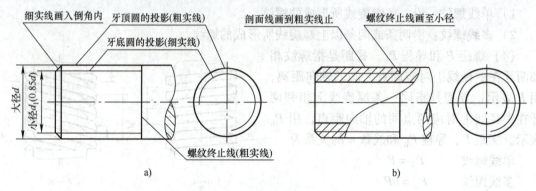

图 4-7　外螺纹的规定画法

0.5 倍螺纹大径绘制，钻孔时在末端形成的锥角按 120°绘制。

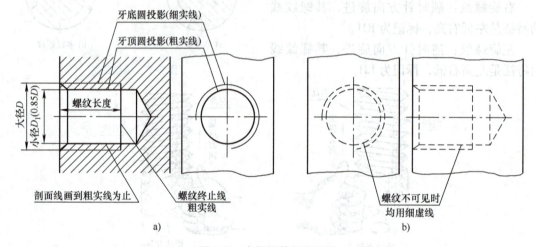

图 4-8　内螺纹的规定画法

（3）螺纹连接的规定画法　内、外螺纹旋合时，一般采用剖视图表示。其中，内、外螺纹的旋合部分按外螺纹的规定画法绘制，其余不重合部分按各自的规定画法绘制，如图 4-9 所示。

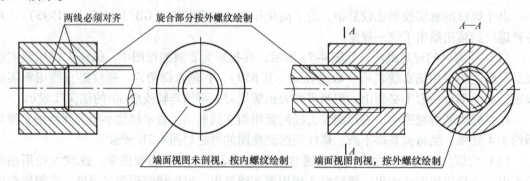

图 4-9　螺纹连接的规定画法

注意：

1）在剖切面通过螺纹轴线的剖视图中，实心螺杆按不剖绘制。

2）表示内、外螺纹大径的细实线和粗实线，以及表示内、外螺纹小径的粗实线和细实线均应分别对齐。

4. 螺纹的标记（GB/T 4459.1—1995）

由于螺纹的规定画法不能表示螺纹种类和螺纹要素，因此绘制螺纹图样时，必须按照国家标准所规定的标记格式和相应代号进行标注。

（1）普通螺纹的标记（GB/T 197—2018）

普通螺纹中单线普通螺纹占大多数，其标记格式如下：

| 螺纹特征代号 | 公称直径 | × | 螺距 | – | 公差带代号 | – | 旋合长度代号 | – | 旋向代号 |

多线普通螺纹的标记格式如下：

| 螺纹特征代号 | 公称直径 | × | Ph 导程 P 螺距 | – | 公差带代号 | – | 旋合长度代号 | – | 旋向代号 |

标记的注写规则：

1）螺纹特征代号。螺纹特征代号为 M。

2）尺寸代号。公称直径为螺纹大径。单线螺纹的尺寸代号为"公称直径×螺距"，不必注写"P"字样。多线螺纹的尺寸代号为"公称直径×Ph 导程 P 螺距"，需注写"Ph"和"P"字样。粗牙普通螺纹不标注螺距。

3）公差带代号。公差带代号由中径公差带和顶径公差带（对外螺纹指大径公差带、对内螺纹指小径公差带）代号组成。大写字母代表内螺纹，小写字母代表外螺纹。若两组公差带相同，则只写一组。最常用的中等公差精度螺纹（外螺纹为 6g、内螺纹为 6H）不标注公差带代号。

4）旋合长度代号。旋合长度分为短（S）、中等（N）、长（L）三种。一般采用中等旋合长度，N 省略不注。

5）旋向代号。左旋螺纹以"LH"表示，右旋螺纹不标注旋向（所有螺纹旋向的标记，均与此相同）。

【例 4-1】 解释"M20×Ph3P1.5–7g6g–L–LH"的含义。

解： 表示双线细牙普通外螺纹，大径为 20mm，导程为 3mm，螺距为 1.5mm，中径公差带为 7g，大径公差带为 6g，长旋合长度，左旋。

【例 4-2】 已知公称直径为 16mm，粗牙，螺距为 2mm，中径和大径公差带均为 6g 的单线右旋普通螺纹，试写出其标记。

解： 标记为"M16"。

（2）管螺纹的标记 管螺纹分为 55°非密封管螺纹和 55°密封管螺纹，其标注示例见表 4-2。

表 4-2 管螺纹的标注示例

标记示例			说　明
管螺纹	55°非密封管螺纹		55°非密封圆柱内螺纹，尺寸代号为 1，公差等级为 A 级，右旋

（续）

标记示例			说　明
管螺纹	55°密封管螺纹	Rc1/2	55°密封圆锥内螺纹，尺寸代号为1/2，右旋。注意：圆柱内螺纹代号为Rp，圆锥内螺纹代号为Rc，R_1和R_2分别表示与圆柱内螺纹和圆锥内螺纹配合的圆锥外螺纹代号

注意：管螺纹的尺寸代号并非公称直径，也不是管螺纹本身的真实尺寸，而是用该螺纹所在管子的公称通径来表示的。管螺纹的大径、小径及螺距等具体尺寸，可查阅相关的国家标准。

二、螺纹紧固件

1. 螺纹紧固件的标记

螺纹紧固件是指利用内、外螺纹的旋合作用来连接和紧固一些零部件的零件。螺纹紧固件的种类很多，常用的有螺栓、螺柱、螺钉、螺母和垫圈等，如图4-10所示。

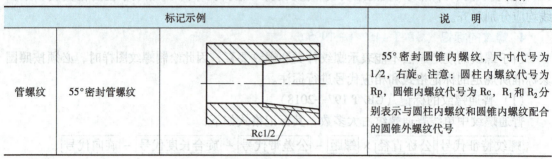

六角头螺栓　　　双头螺柱　　　螺钉　　　六角螺母　　　垫圈

图4-10　常见螺纹紧固件

螺纹紧固件的结构和尺寸已经标准化，属于标准件，各种标准都有规定标记，常用螺纹紧固件的标记示例见表4-3。

表4-3　常用螺纹紧固件的标记

名称	轴测图	画法及规格尺寸	标记示例及说明
六角头螺栓			螺栓 GB/T 5780 M16×100 螺纹规格为M16、公称长度$l=$100mm、性能等级为4.8级、表面不经处理、产品等级为C级的六角头螺栓
双头螺柱			螺柱 GB/T 899 M12×50 螺柱两端均为粗牙普通螺纹、$d=$12mm、$l=50$mm、性能等级为4.8级、不经表面处理、B型（B省略不标）、$b_m=1.5d$的双头螺柱

（续）

名称	轴测图	画法及规格尺寸	标记示例及说明
螺钉			螺钉 GB/T 68 M8 × 40 螺纹规格为 M8、公称长度 $l = 40mm$、性能等级为 4.8 级、表面不经处理的 A 级开槽沉头螺钉
六角螺母			螺母 GB/T 41 M16 螺纹规格为 M16、性能等级为 5 级、表面不经处理、产品等级为 C 级的 1 型六角螺母
垫圈			垫圈 GB/T 97.1 16 标准系列、公称规格16mm、由钢制造的硬度等级为200HV 级、不经表面处理、产品等级为 A 级的平垫圈

2. 螺纹紧固件连接的画法

螺纹紧固件的连接形式有螺栓连接、螺柱连接和螺钉连接三种。

（1）螺栓连接　螺栓连接用于连接两个较薄且都能钻出通孔的零件，其紧固件有螺栓、螺母和垫圈。连接时，先将螺栓的杆身穿过两个零件的通孔，然后套上垫圈，再拧紧螺母，其装配示意图如图 4-11 所示。

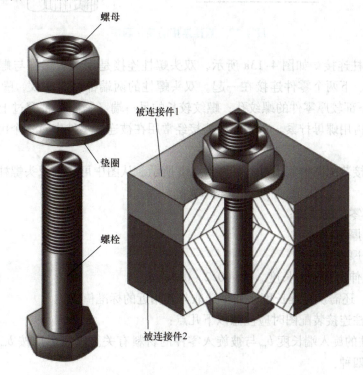

图 4-11　螺栓连接

绘制螺栓连接时，各紧固件提倡采用比例法绘制，即以螺栓上螺纹的公称直径（大径 d）为基准，其余各部分的尺寸按其与公称直径的比例关系来绘制，倒角省略不画，如图 4-12 所示。其中，螺栓的长度 L 应按照 $L = t_1 + t_2 + 0.15d + 0.8d + 0.3d$ 计算，计算出 L 值后，还需从相应螺栓标准规定的长度系列中选择最接近标准的长度值。

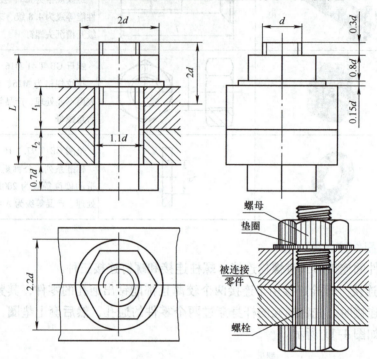

图 4-12　螺栓连接的简化画法

（2）双头螺柱连接　如图 4-13a 所示，双头螺柱连接是用双头螺柱与螺母、弹簧垫圈配合使用，把上、下两个零件连接在一起。双头螺柱的两端都制有螺纹，螺纹较短的一端（旋入端）旋入下部较厚零件的螺纹孔；螺纹较长的另一端（紧固端）穿过上部零件的通孔后，套上垫圈，再用螺母拧紧。双头螺柱连接经常用在被连接零件中有一个由于太厚而不宜钻成通孔的场合。

双头螺柱连接装配图的规定画法如图 4-13b 所示。从图中可知，双头螺柱的规格长度为

$$l = t + h + m + a$$

式中　t——上部零件的厚度；

　　　h——垫圈厚度；

　　　m——螺母厚度；

　　　a——螺柱伸出螺母的长度，为 $(0.2 \sim 0.3)\, d$。

计算出 l 后，还需从标准长度系列中选取与其相近的标准值。

绘制双头螺柱连接装配图时应注意以下几点：

1）双头螺柱的旋入端长度 b_m 与被旋入零件的材料有关。国家标准按 b_m 的不同，把双头螺柱分成以下四种：

① 被旋入零件的材料为钢（或青铜）时，可选用 $b_m = d$。

② 被旋入零件的材料为铸铁时，可选用 $b_m = 1.25d$ 或 $b_m = 1.5d$。

③ 被旋入零件的材料为铝合金时，可选用 $b_m = 2d$。

2）双头螺柱的旋入端应画成全部旋入螺纹孔内，即旋入端的螺纹终止线与两个被连接件的接触面应画成一条线，如图 4-13b 所示。

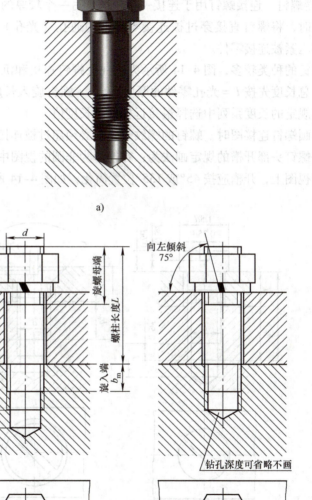

图 4-13 双头螺柱连接及规定画法

3）螺纹孔的螺纹深度应大于双头螺柱旋入端的螺纹长度 b_m，一般螺纹孔的螺纹深度 ≈ $b_m + 0.5d$，而钻孔深度 ≈ $b_m + d$，如图 4-13b 所示。

4）在装配图中，不穿通的螺纹孔可采用简化画法，即不画钻孔深度，仅按螺纹孔深度画出，如图4-13c所示。

提示：螺纹紧固件使用弹簧垫圈时，弹簧垫圈的开口方向应向左倾斜（与水平线成75°），用一条特粗实线（约等于2倍粗实线）表示，如图4-13b、c所示。

（3）螺钉连接　螺钉的种类较多，按其使用场合和连接原理可分为连接螺钉和紧定螺钉两种。

1）连接螺钉。连接螺钉用于连接一个较薄、另一个较厚的两零件，常用于受力不大的场合。装配时，将螺钉直接穿过被连接零件上的通孔（光孔）后拧入机件上的螺纹孔中，靠螺钉头部压紧被连接零件。

连接螺钉的种类较多，图4-14所示为圆柱头螺钉连接和沉头螺钉连接的比例画法。其中，螺钉的总长度先按 $L =$ 光孔零件的厚度（t）+螺钉旋入长度（b_m）计算，然后从相应螺钉标准所规定的长度系列中选择最接近标准的长度值。

提示：画螺钉连接图时，螺钉的螺纹终止线必须超过被连接件的结合面。不论螺钉旋到什么位置，螺钉头部开槽的规定画法为：在投影为非圆的视图中，其槽口应正对观察者；在投影为圆的视图上，开槽应按45°或135°位置简化，如图4-14所示。

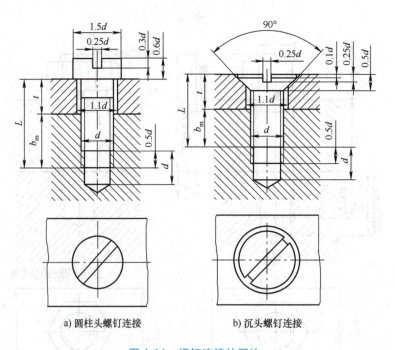

a) 圆柱头螺钉连接　　　　b) 沉头螺钉连接

图4-14　螺钉连接的画法

2）紧定螺钉。紧定螺钉常用于受力不大，不需要经常装卸的两零件的固定紧固，以防止位移或脱落。例如，为防止孔、轴零件轴向位移，常在孔类零件上沿径向钻螺纹孔，并在轴上钻出与紧定螺钉的顶头相配的孔或坑，从而使螺钉的顶头陷入轴中，紧定螺钉连接的画法如图4-15所示。紧定螺钉的尺寸可根据钻孔的深度在紧定螺钉标准所规定的长度系列中选取。

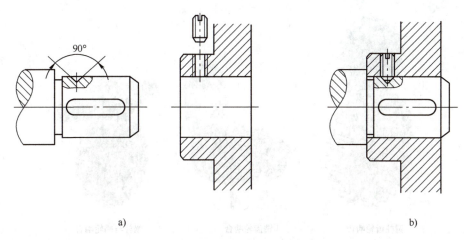

a) b)

图 4-15　紧定螺钉连接的画法

任务实施

参照如图 4-16 绘制螺栓连接（M20）的螺栓连接图。

【任务指导】

在画螺栓连接的图样时，由于有多个零件在一起，应特别注意如下几点：

1）两零件的接触面只画一条线，不应画成两条线或特意加粗。

2）被连接件的通孔直径为 $1.1d$，螺栓的螺纹大径和被连接件光孔之间有间隙，即两条粗实线，所以它们的轮廓线应分别画出。

3）装配图中，当剖切面通过螺栓、螺母、垫圈的轴线时，螺栓、螺母、垫圈一般均按未剖切绘制。

4）剖视图中，相邻零件的剖面线，其倾斜方向应相反。

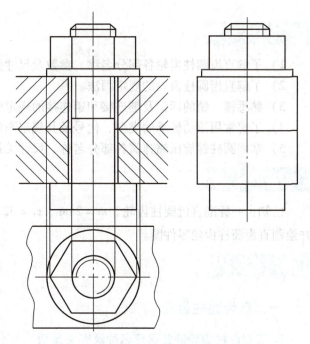

图 4-16　螺栓连接图

任务2　绘制圆柱齿轮零件图

齿轮是机械中广泛应用的传动件，必须成对使用，可用来传递动力，改变转速和旋转方向。齿轮的种类繁多，常用的齿轮副有圆柱齿轮啮合、锥齿轮啮合和蜗杆与蜗轮啮合，如图 4-17 所示。

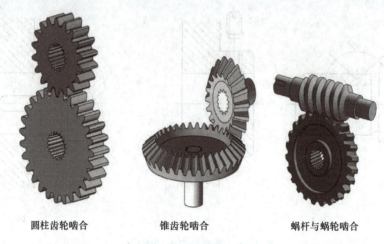

圆柱齿轮啮合　　　　　锥齿轮啮合　　　　　蜗杆与蜗轮啮合

图 4-17　齿轮传动

【任务目标】

1）了解直齿圆柱齿轮各部分名称、参数及尺寸关系。
2）了解直齿圆柱齿轮的规定画法。
3）熟悉键、销的标记及键连接和销连接的规定画法。
4）了解常用滚动轴承的类型、代号及其规定画法和简化画法。
5）掌握圆柱螺旋压缩弹簧各部分名称、尺寸关系及规定画法。

【任务要求】

已知：一标准直齿圆柱齿轮，$m = 2\text{mm}$；$z_1 = 32$，齿宽 $b = 20\text{mm}$，计算出各部分尺寸，并绘制直齿圆柱齿轮零件图。

【知识链接】

一、直齿圆柱齿轮

1. 直齿圆柱齿轮的各部分名称及有关参数

直齿圆柱齿轮各部分名称及有关参数如图 4-18 所示。

（1）齿顶圆　齿顶圆就是齿顶圆柱面被垂直于其轴线的平面所截的截线，其直径用 d_a 表示。

（2）齿根圆　齿根圆就是齿根圆柱面被垂直于其轴线的平面所截的截线，其直径用 d_f 表示。

（3）分度圆和节圆　分度圆柱面与垂直于其轴线的一个平面的交线，称为分度圆，它位于齿顶圆和齿根圆之间，是一个约定的假想圆，直径为 d。两齿轮啮合时，位于连心线 O_1O_2 上两齿廓的接触点 C，称为节点。分别以 O_1、O_2 为圆心、O_1C、O_2C 为半径作两个相切的圆即节圆，直径为 d'，标准齿轮中，分度圆和节圆重合，即 $d = d'$。

（4）齿高、齿顶高、齿根高　齿顶圆与齿根圆之间的径向距离，称为齿高，用 h 表示；

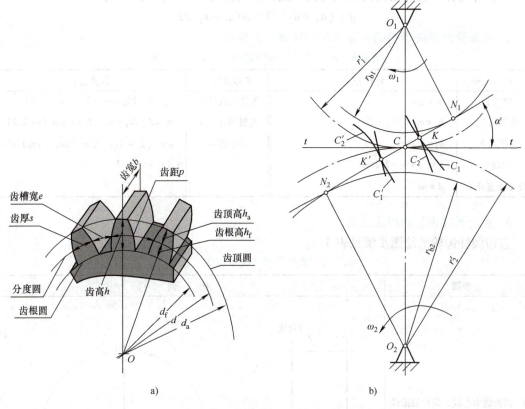

a)

b)

图4-18　直齿圆柱齿轮各部分名称及有关参数

齿顶圆与分度圆之间的径向距离，称为齿顶高，用 h_a 表示；齿根圆与分度圆之间的径向距离，称为齿根高，用 h_f 表示。

（5）齿距、齿厚、槽宽　在分度圆上，相邻两齿对应两点间的弧长称为齿距，用 p 表示；轮齿的弧长称为齿厚，用 s 表示；轮齿之间的弧长称为槽宽，用 e 表示。$p = s + e$，对于标准齿轮，$s = e$。

（6）齿数　齿数即轮齿的个数，用 z 表示。

（7）模数　以 z 表示齿轮的齿数，则分度圆周长 $\pi d = pz$，因此，分度圆直径 $d = zp/\pi$，齿距 p 与 π 的比值称为齿轮的模数，用 m 表示（单位为 mm），即 $m = p/\pi$，得 $d = mz$。为了便于设计和制造，模数的数值已经标准化，见表4-4。

表4-4　标准模数系列（摘自 GB/T 1357—2008）　　　（单位：mm）

齿轮类型	模数系列	标准模数 m
圆柱齿轮	第一系列 （优先选用）	1，1.25，1.5，2，2.5，3，4，5，6，8，10，12，16，20，25，32，40，50
	第二系列	1.125，1.375，1.75，2.25，2.75，3.5，4.5，5.5，（6.5），7，9，11，14，18，22，28，36，45

注：1. 选用模数应优先选用第一系列，其次选用第二系列，括号内的模数尽可能不用。

　　2. 本表未摘录小于1的模数。

（8）中心距　齿轮副的两轴线之间的最短距离称为中心距，用 a 表示。

$$a = (d_1 + d_2)/2 = m(z_1 + z_2)/2$$

2. 标准直齿圆柱齿轮的各部分尺寸关系（见表4-5）

表4-5　标准直齿圆柱齿轮的各部分尺寸关系

名称及代号	计算公式	名称及代号	计算公式
模数 m	$m = d/z$	齿顶圆直径 d_a	$d_a = d + 2h_a = mz + 2m = m(z + 2)$
齿顶高 h_a	$h_a = m$	齿根圆直径 d_f	$d_f = d - 2h_f = mz - 2.5m = m(z - 2.5)$
齿根高 h_f	$h_f = 1.25m$	中心距 a	$a = (d_1 + d_2)/2 = (mz_1 + mz_2)/2 =$
齿高 h	$h = h_a + h_f = 2.25m$		$m(z_1 + z_2)/2$
分度圆直径 d	$d = mz$		

3. 直齿圆柱齿轮的规定画法

直齿圆柱齿轮的绘图步骤见表4-6。

表4-6　直齿圆柱齿轮的绘图步骤

步骤	图　例
1. 画齿轮中心线、定位辅助线 2. 画分度圆、分度线 注意：分度圆、分度线都用细点画线绘制	
3. 画齿顶圆、齿顶线 注意：齿顶圆、齿顶线用粗实线绘制	

（续）

步骤	图　例
4. 画齿根圆、齿根线 注意：齿根圆用细实线绘制，也可以不画，齿根线在剖视图中用粗实线绘制	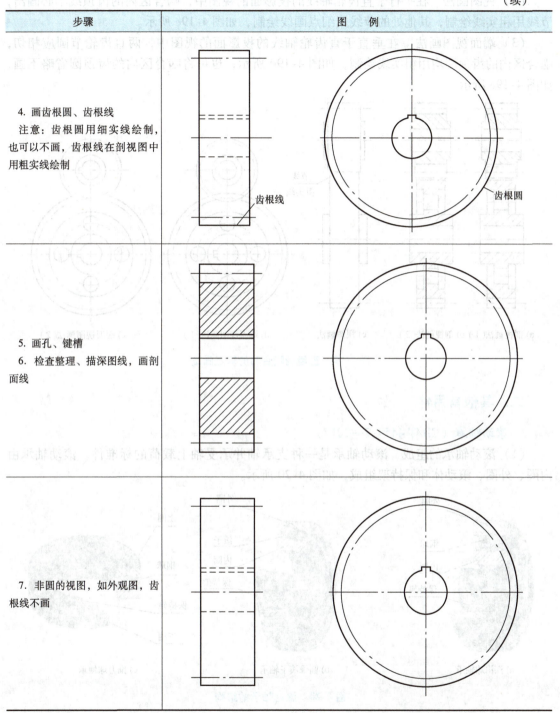
5. 画孔、键槽 6. 检查整理、描深图线，画剖面线	
7. 非圆的视图，如外观图，齿根线不画	

4. 直齿轮啮合时的规定画法

（1）剖视画法　当剖切面通过两啮合齿轮的轴线时，在啮合区内，将一个齿轮的轮齿用粗实线绘制，另一个齿轮的轮齿被遮挡的部分用细虚线绘制，如图4-19a所示，也可省略不画，如图4-19b所示。

（2）视图画法　在平行于直齿轮轴线的投影面的视图中，啮合区内的齿顶线不必画出，节线用粗实线绘制，其他处的节线用细点画线绘制，如图4-19c所示。

（3）端面视图画法　在垂直于直齿轮轴线的投影面的视图中，两直齿轮节圆应相切，啮合区内的齿顶圆均用粗实线绘制，如图4-19d所示；也可将啮合区内的齿顶圆省略不画，如图4-19e所示。

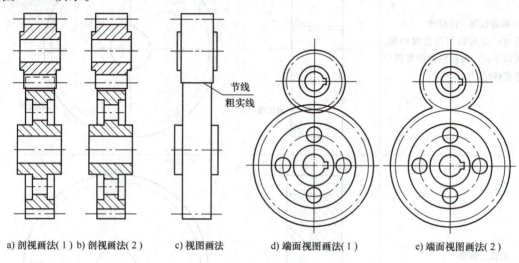

a) 剖视画法（1）b) 剖视画法（2）　　c) 视图画法　　　d) 端面视图画法（1）　　e) 端面视图画法（2）

图 4-19　直齿轮啮合时的规定画法

二、其他常用件

1. 滚动轴承（GB/T 4459.7—2017）

（1）滚动轴承的组成　滚动轴承是一种支承轴并承受轴上载荷的标准件。滚动轴承由内圈、外圈、滚动体和保持架组成，如图4-20所示。

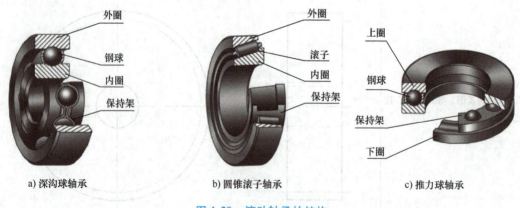

a) 深沟球轴承　　　　　　b) 圆锥滚子轴承　　　　　　c) 推力球轴承

图 4-20　滚动轴承的结构

（2）滚动轴承的基本代号（GB/T 272—2017）　滚动轴承的基本代号组成如下：

$$\boxed{类型代号}\ \boxed{尺寸系列代号}\ \boxed{内径代号}$$

其中，滚动轴承的类型代号用数字或字母来表示，见表4-7，内径代号表示滚动轴承的公称直径，一般用两位阿拉伯数字表示，见表4-8。

【例4-3】 解释滚动轴承6204的含义。

6——类型代号：深沟球轴承；

2——尺寸系列代号（02）；

04——内径代号：内径尺寸＝4×5mm＝20mm。

表4-7 滚动轴承类型代号

代号	轴承类型	代号	轴承类型	代号	轴承类型
0	双列角接触球轴承	4	双列深沟球轴承	8	推力圆柱滚子轴承
1	调心球轴承	5	推力球轴承	N	圆柱滚子轴承
2	调心滚子轴承	6	深沟球轴承	U	外球面球轴承
3	圆锥滚子轴承	7	角接触球轴承	QJ	四点接触球轴承

表4-8 滚动轴承内径代号

轴承公称内径/mm		内径代号	示 例	
1～9（整数）		用公称内径毫米数直接表示，对深沟及角接触球轴承7、8、9直径系列，内径与尺寸系列代号之间用"/"分开	深沟球轴承625	$d=5\text{mm}$
			深沟球轴承618/5	$d=5\text{mm}$
10～17	10	00	深沟球轴承6200	$d=10\text{mm}$
	12	01	深沟球轴承6201	$d=12\text{mm}$
	15	02	深沟球轴承6202	$d=15\text{mm}$
	17	03	深沟球轴承6203	$d=17\text{mm}$
20～480（22、28、32除外）		公称内径除以5的商数，商数为个位数，需在商数左边加"0"，如08	圆锥滚子轴承30308	$d=40\text{mm}$
			深沟球轴承6215	$d=75\text{mm}$

（3）滚动轴承的标记 滚动轴承的标记格式为

| 名称 | 基本代号 | 标准编号 |

【例4-4】 试写出圆锥滚子轴承、内径$d=70\text{mm}$、宽度系列代号为1，直径系列代号为2的标记。

解：圆锥滚子轴承的标记为"滚动轴承 31214 GB/T 297—2015"。

根据滚动轴承的标记，即可查出滚动轴承的型式和尺寸。

（4）滚动轴承的画法 当需要在图样上表示滚动轴承时，可采用简化画法（即通用画法和特征画法）或规定画法。滚动轴承的各种画法及尺寸比例见表4-9。其各部分尺寸可根据滚动轴承代号，由标准中查得。

1）简化画法。

① 通用画法。在剖视图中，当不需要确切地表示滚动轴承的外形轮廓、载荷特征、结构特征时，可用矩形线框及位于线框中央正立的十字形符号表示滚动轴承。

② 特征画法。在剖视图中，如需较形象地表示滚动轴承的结构特征时，可采用在矩形线框内画出其结构要素符号的方法表示滚动轴承。

提示：通用画法和特征画法应绘制在轴的两侧。矩形线框、符号和轮廓线均用粗实线绘制。

2）规定画法。必要时，在滚动轴承的产品图样、产品样本和产品标准中，采用规定画法表示滚动轴承。采用规定画法绘制滚动轴承的剖视图时，轴承的滚动体不画剖面线，其内外圈可画成方向和间隔相同的剖面线；在不致引起误解时，也允许省略不画。滚动轴承的保持架及倒角省略不画。

提示：规定画法一般绘制在轴的一侧，另一侧按通用画法绘制。

表4-9 滚动轴承的特征画法和规定画法

名称	深沟球轴承	圆锥滚子轴承	推力球轴承
特征画法			
规定画法			

2. 键连接和销连接

键和销都是标准件，键连接和销连接也是工程中常用的一种可拆连接。

（1）键及键连接　键一般用于连接轴和轴上的传动件（如齿轮和带轮等），以传递转矩或旋转运动，如图4-21所示。

1）键的种类。键的种类很多，常见的有普通平键、普通型半圆键和钩头型楔键等。其中，普通平键应用最广，它分为A型、B型和C型三种，如图4-22所示。

2）键的标记。键的标记由国家标准代号、标准件的名称、型号和规格尺寸四部分组成。其中，规格尺寸由键宽×键长组成（键宽确定后，

图4-21　键连接

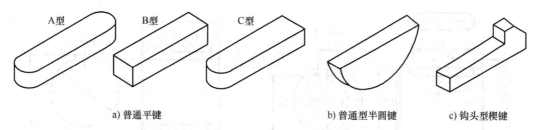

a) 普通平键　　　　　　　　　　b) 普通型半圆键　　　c) 钩头型楔键

图 4-22　常见的键

键高也随之确定)。常用键的形式及标记示例见表 4-10。

表 4-10　常用键的形式及标记示例

名称	标准编号	图例	标记示例
普通 A 型平键	GB/T 1096—2003		宽度 b = 8mm，高度 h = 7mm，长度 l = 25mm 的普通 A 型平键，其标记为 GB/T 1096 键 8 × 7 × 25（普通 A 型平键在标注时省略型号 A）
普通型半圆键	GB/T 1099.1—2003		宽度 b = 6mm，高度 h = 10mm，直径 D = 25mm 的普通型半圆键，其标记为 GB/T 1099.1 键 6 × 10 × 25
钩头型楔键	GB/T 1565—2003		宽度 b = 18mm，高度 h = 11mm，长度 l = 100mm 的钩头型楔键，其标记为 GB/T 1565 键 18 × 100

3）键槽的画法及尺寸标注。键是标准件，一般不必画出其零件图，但需画出零件上与键相配合的键槽。普通平键键槽的画法和尺寸标注如图 4-23 所示。键槽的尺寸可查阅国家标准 GB/T 1095—2003《平键　键槽的剖面尺寸》，键的长度 L 应比轮毂长度小 5 ~ 10mm，但要符合国家标准中的标准长度范围。

4）普通平键连接的画法。普通平键的两侧面为工作面，底面和顶面为非工作面。在绘制装配图时，平键的两侧面和底面分别与轴上的键槽接触，故画成一条线，平键的顶面与键槽的底面之间是有间隙的，必须画成两条线，如图 4-24 所示。

（2）销及销连接　销在机器中主要用于零件间的连接、定位或防松。常见的销有圆柱

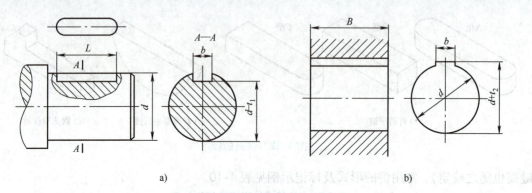

a)   b)

图 4-23 键槽的画法和尺寸标注

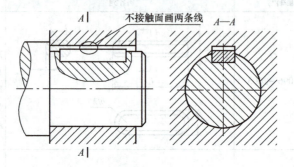

图 4-24 普通平键连接的画法

销、圆锥销和开口销三种。开口销经常与开槽螺母配合使用，可起到防松脱的作用。销连接的画法如图 4-25 所示。

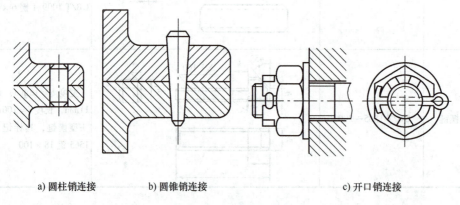

a) 圆柱销连接   b) 圆锥销连接   c) 开口销连接

图 4-25 销连接的画法

3. 弹簧

弹簧是一种用于减振、夹紧、自动复位和储存能量的零件。弹簧的种类很多，常见的有压缩弹簧、拉伸弹簧和扭转弹簧，如图 4-26 所示，本节仅介绍机械中最常用的圆柱螺旋压缩弹簧的画法。

圆柱螺旋压缩弹簧各部分名称及代号（GB/T 1805—2001）参见图 4-27。

1）线径 d：用于缠绕弹簧的钢丝直径。

a) 压缩弹簧 b) 拉伸弹簧 c) 扭转弹簧

图 4-26 常见螺旋弹簧

2）中径 D：弹簧内径和外径的平均值，也是规格直径。$D = (D_2 + D_1)/2 = D_1 + d = D_2 - d$。

3）内径 D_1：弹簧内圈直径。

4）外径 D_2：弹簧外圈直径。

5）节距 t：螺旋弹簧两相邻有效圈截面中心线的轴向距离。一般 $t = (D_2/3) \sim (D_2/2)$。

6）有效圈数 n：用于计算弹簧总变形量的簧圈数量，称为有效圈数（即具有相等节距的圈数）。

7）支承圈数 n_2：弹簧端部用于支承或固定的圈数，称为支承圈数。为了使螺旋压缩弹簧工作时受力均匀，保证轴线垂直于支承端面，两端常并紧且磨平。并紧且磨平的圈数仅起支承作用，即支承圈。支承圈数 $n_2 = 2.5$ 用得较多，即两端各并紧 $1\frac{1}{4}$ 圈。

8）总圈数 n_1：沿螺旋线两端间的螺旋圈数，称为总圈数。总圈数 n_1 等于有效圈数 n 与支承圈数 n_2 之和，即 $n_1 = n + n_2$。

9）自由高度（长度）H_0：弹簧无负荷作用时的高度（长度），即 $H_0 = nt + 2d$。

10）弹簧展开长度 L：制造弹簧时簧丝的长度，即 $L \approx \pi D n_1$。

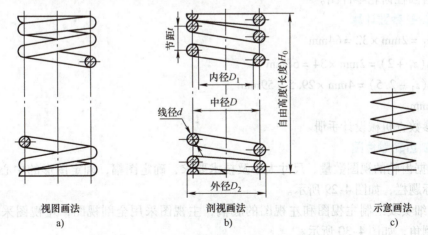

节距t　内径D_1　中径D　线径d　外径D_2　自由高度（长度）H_0

视图画法 剖视画法 示意画法
a) b) c)

图 4-27 圆柱螺旋压缩弹簧的剖视画法

【例 4-5】 已知圆柱螺旋压缩弹簧的线径 $d = 6mm$，弹簧外径 $D_2 = 42mm$，节距 $t = 12mm$，有效圈数 $n = 6$，支承圈数 $n_2 = 2.5$，右旋，试画出圆柱螺旋压缩弹簧的剖视图。

作图：

① 算出弹簧中径 $D = D_2 - d = 42\text{mm} - 6\text{mm} = 36\text{mm}$ 及自由高度 $H_0 = nt + 2d = 6 \times 12\text{mm} + 2 \times 6\text{mm} = 84\text{mm}$，可画出长方形 $ABCD$，如图 4-28a 所示。

② 根据线径 d，画出支承圈部分弹簧钢丝的剖面，如图 4-28b 所示。

③ 画出有效圈部分弹簧钢丝的剖面。先在 AB 线上根据节距 t 画出圆 2 和圆 3；然后从 1、2 和 3、4 的中点作垂线与 CD 线相交，画出圆 5 和圆 6，如图 4-28c 所示。

④ 按右旋方向作相应圆的公切线及剖面线，即完成作图，如图 4-28d 所示。

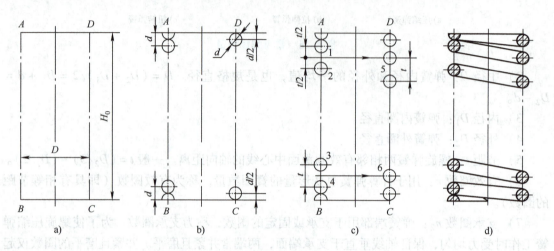

图 4-28　圆柱螺旋压缩弹簧的作图步骤

任务实施

已知：一标准直齿圆柱齿轮，$m = 2\text{mm}$，$z_1 = 32$，齿宽 $b = 22\text{mm}$，计算出各部分尺寸，并绘制直齿圆柱齿轮零件图。

1. 齿轮各参数计算

$d = mz_1 = 2\text{mm} \times 32 = 64\text{mm}$

$d_a = m(z_1 + 2) = 2\text{mm} \times 34 = 68\text{mm}$

$d_f = m(z_1 - 2.5) = 4\text{mm} \times 29.5 = 59\text{mm}$

$b = 22\text{mm}$

其他参数查机械设计手册。

2. 绘制齿轮零件图

1）根据齿轮的视图数量、尺寸大小及技术要求，确定图幅，确定图形的中心位置，绘制图框和标题栏，如图 4-29 所示。

2）用细实线绘制主视图和左视图的底稿，主视图采用全剖视图，左视图采用简化画法，注意倒角，如图 4-30 所示。

3）检查图形的正确性，擦去多余的线条，加深加粗轮廓线，加深细实线及点画线，绘制剖面线，如图 4-31 所示。

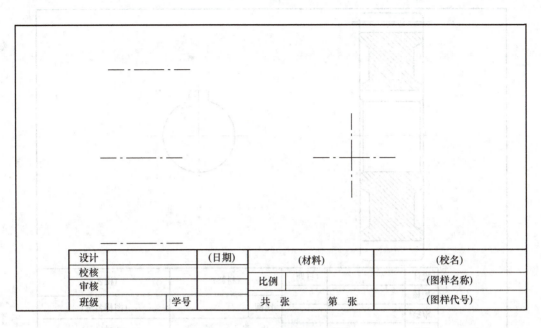

设计		(日期)		(材料)		(校名)	
校核				比例		(图样名称)	
审核							
班级		学号		共 张 第 张		(图样代号)	

图 4-29 齿轮绘制步骤（一）

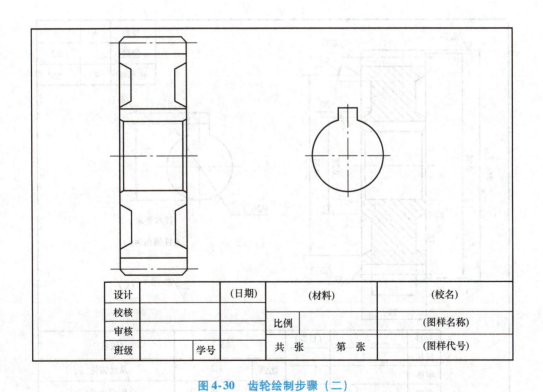

设计		(日期)		(材料)		(校名)	
校核				比例		(图样名称)	
审核							
班级		学号		共 张 第 张		(图样代号)	

图 4-30 齿轮绘制步骤（二）

4）尺寸标注及技术要求的标注，如图 4-32 所示。

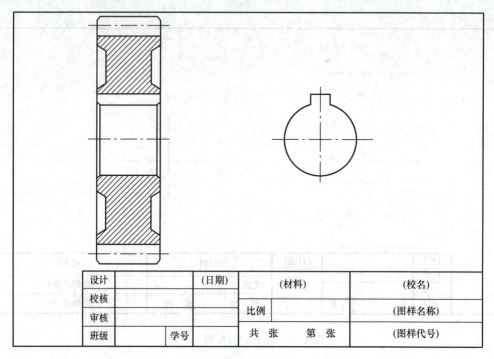

设计		（日期）		（材料）		（校名）
校核				比例		（图样名称）
审核						
班级		学号		共　张　　第　张		（图样代号）

图 4-31　齿轮绘制步骤（三）

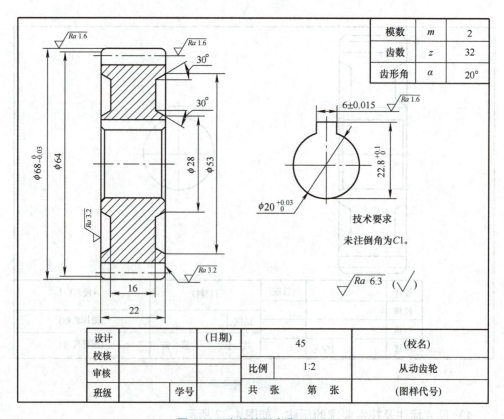

模数	m	2
齿数	z	32
齿形角	α	20°

技术要求

未注倒角为$C1$。

$\sqrt{Ra\ 6.3}$ （$\sqrt{}$）

设计		（日期）		45		（校名）
校核				比例	1:2	从动齿轮
审核						
班级		学号		共　张　　第　张		（图样代号）

图 4-32　齿轮绘制步骤（四）

【任务指导】

绘制齿轮零件图时的注意事项：

1）所有的参数通过计算圆整并取标准值。

2）齿轮的标准公差等级按照相关资料选择。

3）注意分度圆、齿顶圆、齿根圆的画法。

4）零件图中正确注写尺寸公差、几何公差及表面粗糙度。

项目 5

识读和绘制零件图

任务 1　识读轴类零件图

【任务目标】

1）理解零件图的作用和内容。

2）掌握轴套类零件的结构特征。

3）能够根据零件的结构特点、加工和检验要求确定正确的尺寸基准，并合理地标注尺寸。

4）能识读轴套类零件图。

5）熟悉阅读零件图的方法及步骤，能够绘制中等复杂程度的零件图。

【任务要求】

识读图 5-1 所示的轴零件图。

【知识链接】

零件图是表示零件结构、大小及技术要求的图样。

零件图是生产和检验零件的依据，是设计和生产部门的重要技术文件之一。从零件的毛坯制造、机械加工工艺路线的制订、毛坯图和工序图的绘制、工量夹具的设计到加工检验和技术更新等，都要根据零件图来进行。识读零件图的目的是通过图样想象出零件的结构形状，理解每个尺寸的作用和要求，了解各项技术要求的内容和实现这些要求应该采取的工艺措施等，以便于加工出符合图样要求的合格零件。

一、零件图的内容

轴的零件图如图 5-1 所示。从图中可以看出，一张完整的零件图，包括以下四方面内容。

1. 一组图形

用一定数量的视图、剖视图、断面图、局部放大图等，完整、清晰地表达零件的结构形

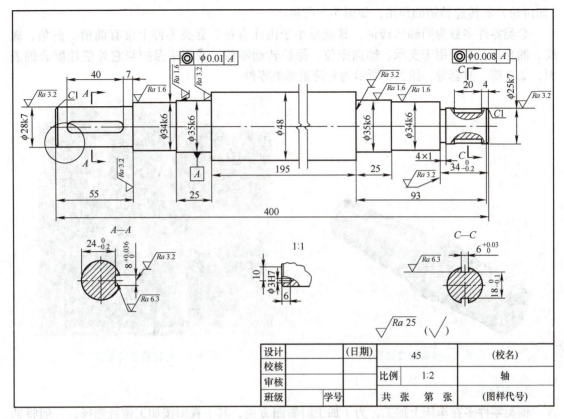

图 5-1　轴零件图

状。图 5-1 所示轴零件图用主视图、局部放大图、移出断面图清晰地表达了该轴的结构形状。

2. 一组尺寸

正确、完整、清晰、合理地标注出组成零件各形体的大小及其相对位置尺寸。

3. 技术要求

用规定的符号、数字、字母或文字等，表达制造零件应达到的质量要求（如表面粗糙度、极限与配合、几何公差、热处理及表面处理等）。

4. 标题栏

用标题栏写出零件的名称、数量、材料、图样代号、绘图比例以及设计、制造、审核者的姓名和制图日期等。

零件的结构形状虽然千差万别，但根据它们在机器（或部件）中的作用，通过比较、归纳，可大体将其分为轴（套）类、轮盘类、叉架类和箱体类四类零件。

通过分析各类零件的表达方法，从中找出规律，以便读、画同类零件时参考。

二、常见轴（套）类零件

1. 结构特点

轴类零件一般由同一轴线、不同直径的圆柱（或圆锥）构成，其长度大于直径。轴上常有台阶（轴肩）、螺纹、键槽、退刀槽、倒角、圆角等结构，在机器中主要起支承传动件

（如齿轮）和传递转矩的作用，如图5-2所示。

套类零件多数为同轴回转体，其壁厚小于内孔直径。套类零件上常有油槽、倒角、螺纹、油孔等，主要用于支承、轴向定位、保护转动零件，或用来保护与它外壁相配合的表面，如套筒、衬套等。图5-3所示为套筒紧固类零件。

图5-2　传动轴立体图

图5-3　套筒紧固类零件

2. 表达方法

轴类零件多在车床上加工，为了加工时看图方便，其主视图按加工位置选择，一般将轴线水平放置，这样既符合加工位置原则，同时又反映了轴类零件的主要结构特征和各组成部分的相对位置。对于轴上的键槽、退刀槽和孔等结构可采用断面图、局部视图、局部剖视图等来表达，有些细小的结构可用局部放大图表示。套类零件的主要结构为回转体，与轴类零件不同之处在于套类零件是空心的，因此，主视图多采用轴线水平放置的全剖视图表达。

三、零件上常见的工艺结构

1. 倒角和倒圆

为了便于零件的装配，应去除零件的毛刺或锐边，在轴和孔的端部加工出倒角。45°倒角的标注方法如图5-4a所示，非45°倒角的标注方法如图5-4b所示。为减少力集中，在轴肩处常采用圆角过渡形式，称为倒圆。倒圆的标注方法如图5-4c所示。当倒角和倒圆尺寸很小时，在图样上可不画出，但必须注明尺寸或在"技术要求"中加以说明。

2. 退刀槽和砂轮越程槽

在零件的切削加工过程中，特别是在车螺纹和磨削时，为保证加工质量，便于车刀的进入、退出或使砂轮可稍微越过加工面，常在轴肩处、孔的台肩处预先车削出退刀槽或砂轮越程槽，如图5-5所示。在零件图中，退刀槽和砂轮越程槽应该画出并标注。具体尺寸与结构可查阅有关标准和设计手册。图5-6所示为退刀槽和砂轮越程槽的常见尺寸注法。

3. 凸台和凹坑

为使零件表面之间接触良好且减少加工面积，常在铸件的接触部位铸出凸台和凹坑，其常见的形式如图5-7所示。

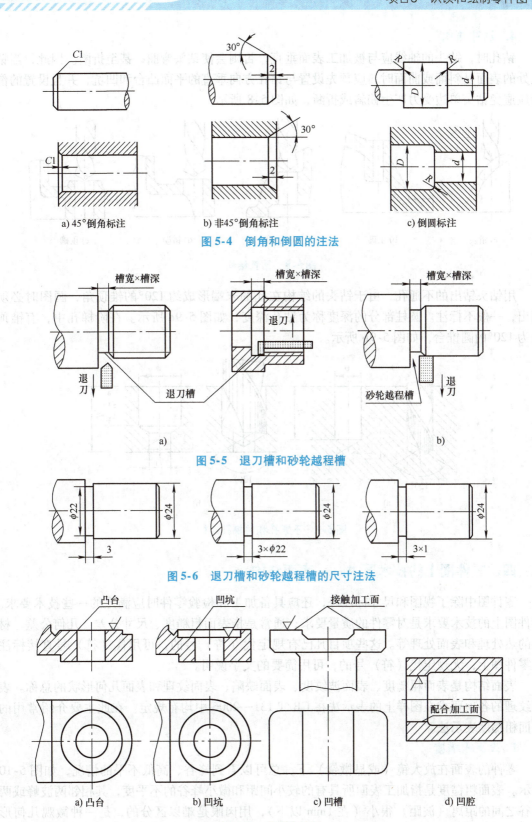

a) 45°倒角标注　　　　b) 非45°倒角标注　　　　c) 倒圆标注

图 5-4　倒角和倒圆的注法

图 5-5　退刀槽和砂轮越程槽

图 5-6　退刀槽和砂轮越程槽的尺寸注法

a) 凸台　　　　b) 凹坑　　　　c) 凹槽　　　　d) 凹腔

图 5-7　凸台和凹坑

4. 钻孔结构

钻孔时，钻头的轴线应与被加工表面垂直，否则会使钻头弯曲，甚至折断。因此，当钻孔处的表面是斜面或曲面时，应预先设置与钻孔方向垂直的平面凸台和凹坑，并且设置的位置应避免钻头单边受力产生偏斜或折断，如图5-8所示。

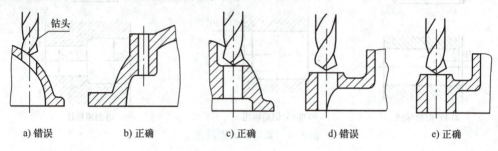

| a) 错误 | b) 正确 | c) 正确 | d) 错误 | e) 正确 |

图5-8　钻孔结构

用钻头钻出的不通孔，由于钻头的结构在孔的末端形成约120°的锥顶角，画图时必须画出，一般不标注。圆柱部分的深度称为钻孔深度，如图5-9a所示。在阶梯孔中，有锥顶角为120°的圆锥台，如图5-9b所示。

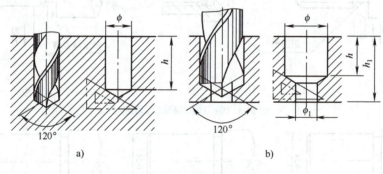

图5-9　不通孔和阶梯孔结构

四、零件图上的技术要求——表面结构

零件图中除了视图和尺寸标注外，还应具备加工和检验零件时应满足的一些技术要求。零件图上的技术要求是对零件的质量要求，通常是指表面粗糙度、尺寸公差、几何公差、材料的热处理和表面处理等。这些项目凡已有规定代（符）号的，可用代（符）号直接标注在零件图上；无规定代（符）号的，可用简要的文字说明。

表面结构是表面粗糙度、表面波纹度、表面缺陷、表面纹理和表面几何形状的总称。表面纹理的各项要求在图样上的表示法在 GB/T 131—2006 中均有规定。在此主要介绍常用的表面粗糙度表示法。

1. 表面粗糙度

零件的表面在放大镜（或显微镜）下，总可以看到峰谷、高低不平的情况，如图5-10所示。表面粗糙度是指加工表面所具有的较小间距和微小峰谷的不平度，其相邻两波峰或两波谷之间的距离（波距）很小（在1mm以下），用肉眼是难以区分的，是一种微观几何形状误差。它反映了零件表面的质量，峰谷越小，其表面就越光滑。表面粗糙度对零件配合、耐磨性、耐蚀性、密封性和外观等都有一定影响。

2. 评定表面粗糙度的参数

评定表面粗糙度的参数有轮廓算术平均偏差 Ra、轮廓最大高度 Rz 等。零件表面粗糙度一般采用轮廓算术平均偏差 Ra 来评定。它是在一个取样长度内，被评定轮廓在任一位置至 X 轴的高度 Z 绝对值的算术平均值；轮廓最大高度 Rz 是指在取样长度内，最大轮廓峰高与最大轮廓谷深之和，如图 5-11 所示。

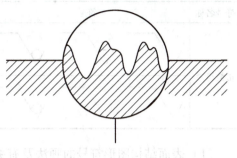

图 5-10 表面粗糙度

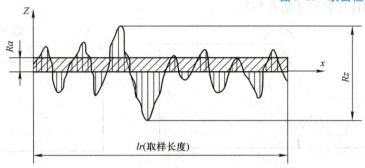

图 5-11 轮廓算术平均偏差 Ra 和轮廓最大高度 Rz

参数 Ra 能较充分地反映零件表面微观形状在高度方向上的特性，且测量方便，故被推荐优先选用。

表面粗糙度的选用原则是既要满足零件表面的功能要求，又要考虑经济合理。一般情况下，凡是零件上有配合要求或有相对运动的表面，表面粗糙度值要小。Ra 值越小，零件表面越平整光滑，但加工成本也越高。因此，在满足使用要求的前提下，应尽量选用较大的表面粗糙度参数值，以降低成本。表 5-1 列出了国家标准推荐选用的 Ra 系列。

表 5-1　评定轮廓的算术平均偏差 Ra 值　　　　（单位：μm）

推荐使用的 Ra 值	0.012	0.025	0.05	0.1	0.2	0.4	0.8
	1.6	3.2	6.3	12.5	25	50	100

3. 表面结构的符号

表面结构的符号及含义见表 5-2。

表 5-2　表面结构的符号及含义

符号名称	符号	含　义
基本符号	∨	用于未指定工艺方法的表面。当该符号作为注解时，可单独使用
扩展符号	∨	用于表示用去除材料的方法获得的表面，仅当含义是"被加工表面"时可单独使用
	∨	用于表示不去除材料的表面，也可用于表示保持原状况或上道工序形成的表面（不管是否已去除材料）

（续）

符号名称	符号	含　义
完整符号		当需要标注表面结构特征的补充信息时，在上述三个符号的长边上可加一横线，用于标注有关参数或说明
		表示视图中封闭的轮廓线所表示的所有表面具有相同的表面粗糙度要求

（1）表面结构图形符号的画法及有关规定　表面结构图形符号的画法如图5-12所示，图形符号及附加标注的尺寸见表5-3。

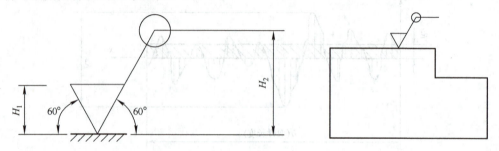

图5-12　表面结构图形符号的画法

表5-3　表面结构的图形符号及附加标注的尺寸　　　　（单位：mm）

数字和字母高 h	2.5	3.5	5	7	10	14	20
符号线宽 d'	0.25	0.35	0.5	0.7	1	1.4	2
字母线宽 d							
高度 H_1	3.5	5	7	10	14	20	28
高度 H_2	7.5	10.5	15	21	30	42	60

（2）补充要求的注写位置及含义　为了明确表面结构要求，除了标注表面结构符号和数值外，必要时应标注其他补充要求，如取样长度、加工工艺、表面纹理、加工余量等，这些要求在图形符号中的注写位置如图5-13所示。

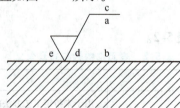

位置 a：注写第一个表面结构要求，如结构参数代号、极限值、取样长度或传输带等。参数代号和极限值间应插入空格
位置 b：注写第二个或多个表面结构要求
位置 c：注写加工方法、表面处理或涂层等，如"车""磨"等
位置 d：注写所要求的表面纹理和纹理方向，如"＝""M"等
位置 e：注写所要求的加工余量

图5-13　补充要求的注写位置及含义

（3）表面结构要求的标注方法   表面结构要求对每一表面一般只标注一次，并尽可能标注在相应的尺寸及其公差的同一视图上。除非另有说明，否则所标注的表面结构要求均是对完工零件表面的要求。

表面结构要求在图样中的标注位置和方向见表5-4。表面结构要求的简化注法见表5-5。

表5-4   表面结构要求在图样中的标注位置和方向

标注位置	标注图例	说　明
标注在轮廓线或其延长线上		其符号应从材料外指向并接触表面或其延长线，或用箭头指向表面或其延长线。必要时可以用黑点或箭头引出标注
标注在特征尺寸的尺寸线上		在不致引起误解时，表面结构要求可以标注在给定的尺寸线上
标注在几何公差框格的上方		表面结构要求可以标注在几何公差框格的上方
标注在圆柱和棱柱表面上		圆柱和棱柱表面的结构要求只标注一次，如果每个表面有不同的表面结构要求，则应分别单独标注

表 5-5　表面结构要求的简化注法

项目	标注图例	说　明
有相同表面结构要求的简化注法	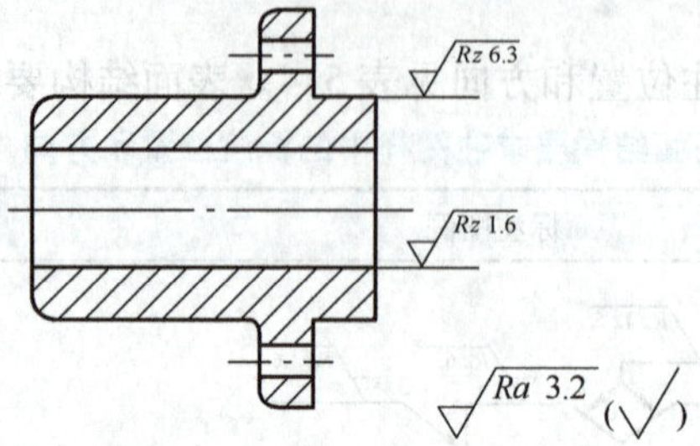 注：在括号内给出无任何其他标注的基本符号 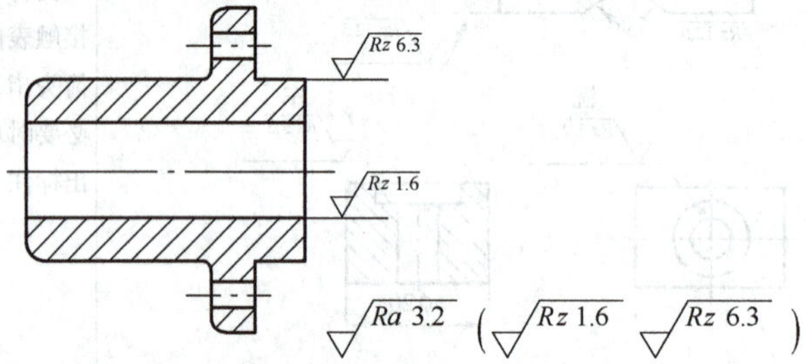 注：在括号内给出不同的表面结构要求	如果在工件的多数（包括全部）表面有相同的表面结构要求，则其表面结构要求可统一标注在图样的标题栏附近。此时（除全部表面有相同要求的情况外），表面结构符号的后面应有表示无任何其他标注的基本符号或不同的表面结构要求
多个表面有共同要求的注法	用带字母的完整符号的简化注法 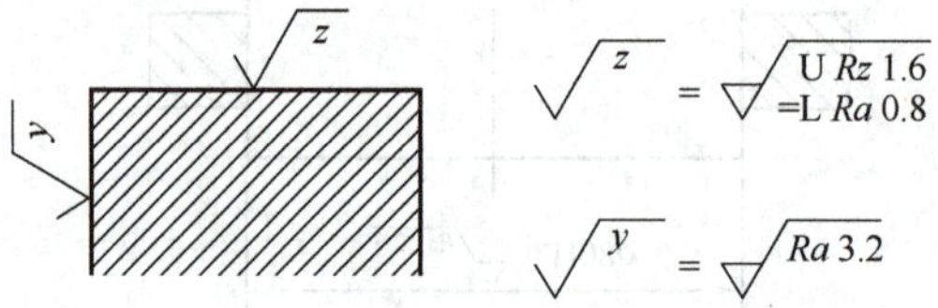	当多个表面具有相同的表面结构要求或图纸空间有限时，可以采用简化注法
	只用表面结构符号的简化注法 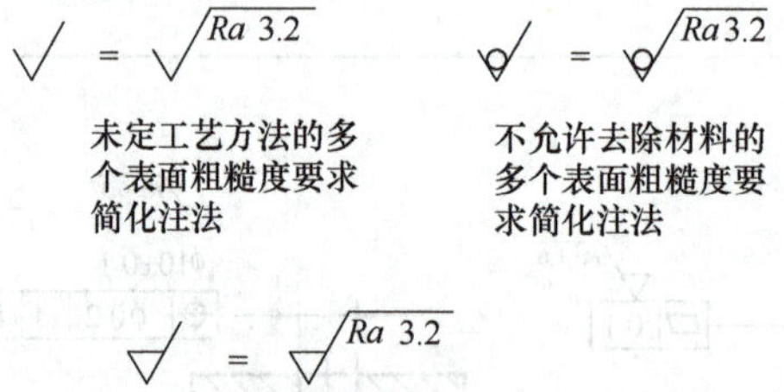 未定工艺方法的多个表面粗糙度要求简化注法　　不允许去除材料的多个表面粗糙度要求简化注法 要求去除材料的多个表面粗糙度要求简化注法	可以用图中所示的表面结构图形符号，以等式的形式给出对多个表面共同的表面结构要求

两种或多种工艺获得同一表面的表面粗糙度要求的注法。由几种不同的工艺方法获得的同一表面，当需要明确每种工艺方法的表面结构要求时，可按图 5-14 所示的方法标注，Fe／Ep·Cr25b 表示钢件、镀铬。

任务实施

识读图 5-1 所示轴零件图，分析并确定其零件图的表达方案。

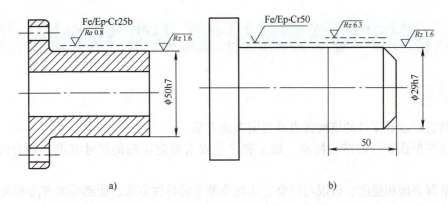

图5-14 不同工艺获得同一表面的表面结构要求的注法

该轴的主视图应按加工位置选择，即将轴线水平放置来表达该轴的整体形状，局部结构用两个移出断面图表达键槽的形状和深度，一个局部放大图来表达沉孔的大小及深度，以表达定位孔的结构，如图5-1所示。

1. 看标题栏

从标题栏中可知零件的名称是轴，它能通过传动件传递动力。材料是45钢，比例是1:2。

2. 视图分析

该零件采用一个主视图，一个局部放大图和两个移出断面图表达。主视图按其加工位置选择，一般将轴线水平放置，用一个主视图结合尺寸标注（直径ϕ）就能清楚地反映出阶梯轴的各段形状、相对位置以及轴上各局部结构的轴向位置。局部放大图表达了左端$\phi3H7$小孔的结构和位置，两个移出断面图分别表达了$\phi28k7$和$\phi25k7$两段轴颈上键槽的形状结构，此外轴上还有圆角、倒角等结构。

3. 尺寸分析

根据设计要求，轴线为径向尺寸的主要基准，$\phi35k6$处轴肩为轴向尺寸的基准。

4. 技术要求

从图5-1可知，有配合要求或有相对运动的轴段，其表面粗糙度、尺寸公差和几何公差比其他轴段要求严格（如两轴段$\phi35k6$表面粗糙度$Ra=1.6\mu m$、$\phi25k7$轴线相对$\phi35k6$轴线的同轴度公差为$\phi0.008$等）。为了提高强度和韧性，往往需对轴类零件进行调质处理；对轴上和其他零件有相对运动的表面，为增加其耐磨性，有时还需要进行表面淬火、渗碳、渗氮等热处理。对热处理方法和要求应在技术要求中注写清楚。

【任务指导】

通过上述分析，对轴套类零件的结构形状、大小应该有比较细致的了解和认识，对制造该零件所使用的材料以及技术要求也应有一定的了解，综合归纳总结就可以得出轴套类零件的总体情况，并且可以进一步分析零件结构和工艺的合理性、表达方案是否恰当、尺寸标注是否合理以及读图过程中有无读错的地方，以便进一步理解。

任务 2　绘制轮盘类零件图

【任务目标】

1）熟悉轮盘类零件的结构特点及视图表达方案。

2）能够根据零件的结构特点、加工和检验要求确定正确的尺寸基准，并合理地标注尺寸。

3）掌握表面粗糙度、极限与配合、几何公差等的标注方法，能熟练地查阅相关标准。

4）熟悉阅读零件图的方法及步骤，能够绘制中等复杂程度的轮盘类零件图。

【任务要求】

绘制图 5-15 所示的减速器透盖零件图，图幅 A4，比例 1:1。

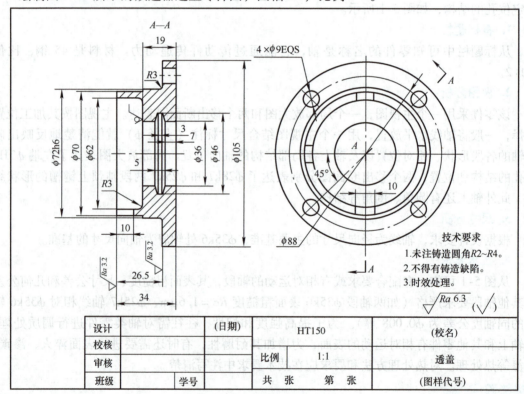

图 5-15　减速器透盖零件图

【知识链接】

一、常见轮盘类零件

轮盘类零件一般包括齿轮、手轮、带轮、法兰盘、端盖和压盖等。其中，轮类零件在机器中一般通过键、销与轴连接，用于传递转矩，如图5-16、图5-17所示的手轮；盘类零件常见的结构有凸台以及均匀分布的阶梯孔、螺纹孔、槽等，主要起支承、连接、轴向定位及密封作用。

1. 结构特点

轮盘类零件的基本形状是扁平的盘状，大多由回转体组成，这类零件的毛坯多为铸件，主要加工方法有车削、刨削或铣削。

2. 表达方法

轮盘类零件的主要加工表面是以车削为主的，因此主视图一般按加工位置原则将轴线水平放置，并将垂直于轴线的方向作为投射方向，其表达方法多采用主视图和左视图（或右视图）。其中，主视图采用剖视图表达其内部结构；左视图（或右视图）常用来表达零件的外形，以及零件上孔、肋板、轮辐等的分布情况。对于零件上的一些细小结构，可采用局部剖视图、断面图和局部放大图等来表达。如图5-15所示，采用一个全剖的主视图，可清楚地反映减速器透盖的结构。

图5-16　手轮立体图

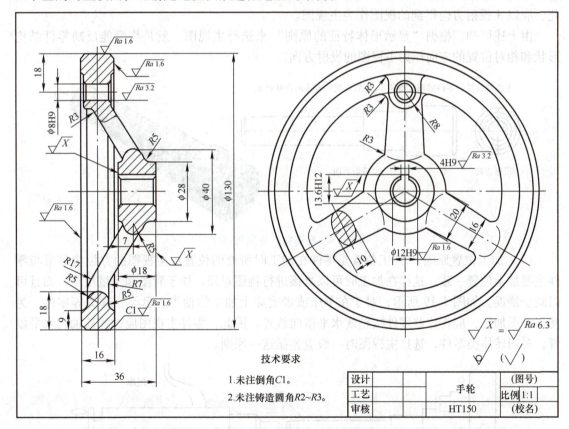

图5-17　手轮零件图

二、零件图的视图选择

零件表达方案的确定应在分析零件结构形状、加工方法，以及它在机器中所处的位置等基础上来完成。内容包括主视图的选择、其他视图和图样画法的确定。

零件视图的选择包括主视图和其他视图的选择以及视图数量、表达方式的选择。一个好的表达方案应把零件的结构形状正确、完整、清晰地表达出来。选择时，首先要对零件的结构形状特点进行分析，了解其在机器或部件中的位置、作用及加工方法，然后综合分析，灵活合理地选择视图的数量及表达方法。

1. 主视图的选择原则

主视图是零件图中最重要的视图，是一组视图的核心。无论是画图还是读图，都应从主视图入手，其选择是否合理，不但直接关系到零件结构形状表达得清楚与否，而且关系到其他视图的数量和位置的确定，影响到读图和画图的方便。因此，必须选好主视图。选择零件的主视图时，应考虑以下原则。

（1）显示形体特征的原则　无论零件结构多么复杂，总可以将它分解成若干个基本体，主视图应较明显或尽可能多地反映零件各组成部分的结构形状特征和位置特征。主视图的投射方向，应选择最能反映零件结构形状及相互位置关系的方向。如图 5-18 所示的轴，A 投射方向与 B 投射方向所得到的视图相比，A 投射方向反映的信息量大，形状特征较明显。因此，应以 A 投射方向得到的视图作为主视图。

由上述可知，根据"显示形体特征的原则"来选择主视图，就是将最能反映零件结构形状和相对位置的方向作为主视图的投射方向。

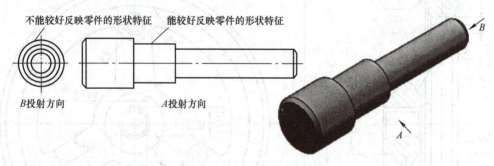

图 5-18　按形状特征原则选择

（2）加工位置原则　加工位置是零件在加工时所处的位置。主视图的方位应尽量与零件主要加工位置一致，这样在加工时可以直接进行物图对照，便于看图和测量尺寸，而且可以减少错误。如图 5-19 所示，对于在车床或者磨床上加工的轴类、盘类、套类等零件，为便于看图加工，应将这些零件按轴线水平横向放置。因此，零件主视图应选择其轴线水平放置，对回转体类零件，选择主视图时一般应遵循这一原则。

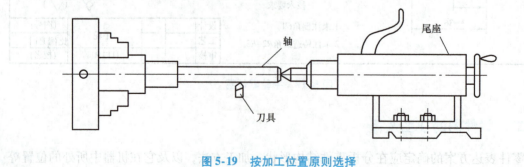

图 5-19　按加工位置原则选择

（3）工作位置原则　工作位置是零件在装配体中所处的位置。零件主视图的投射方向应符合零件在机器中的工作位置。对支架、箱体等加工方法和加工位置多变的零件，主视图应选择工作位置，以便与装配图直接对照。如图 5-20 所示，吊钩主视图既显示了吊钩的形状特征，又反映其工作位置。如图 5-21 所示支座，K 向和 Q 向都体现了它的工作位置，但 K 向又同时考虑到了结构特征，因此确定 K 向为主视图投射方向就更合理些。

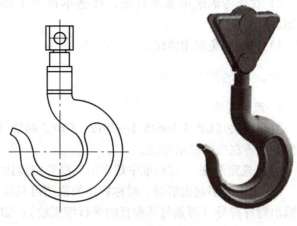

图 5-20　吊钩的工作位置

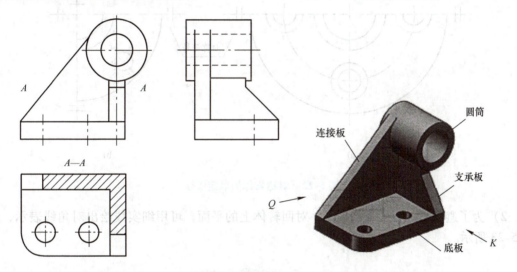

图 5-21　支座主视图的选择

（4）自然安放位置的原则　当加工位置各不相同，工作位置又不固定时，可按照零件自然安放平稳的位置作为其主视图的位置。

以上是零件主视图的选择原则，在运用时必须灵活掌握。这四项原则中，在保证表达清楚结构形状特征的前提下，先考虑加工位置原则。但有些零件形状比较复杂，在加工过程中装夹位置经常发生变化，加工位置难分主次，则主视图应考虑选择其工作位置。还有一些零件无明显的主要加工位置，又无固定的工作位置，或者工作位置倾斜，则可将它们主要部分放正（水平或竖直），以利于布图和标注尺寸。

2. 其他视图的选择原则

零件主视图确定后，要分析还有哪些形状结构没有表达清楚，考虑选择适当的其他视图，将主视图未表达清楚的零件结构表达清楚。其他视图的选择一般应遵循以下原则。

1）根据零件复杂程度和内外结构特点，综合考虑所需要的其他视图，使每一个视图都有表达的重点，从而使视图数量最少。

2）优先考虑采用基本视图，在基本视图上作剖视图，并尽可能按投射方向配置各视图。

3）尽量避免使用虚线。

三、其他图样画法

1. 简化画法

简化画法（GB/T 16675.1—2012、GB/T 4458.1—2002）是包括规定画法、省略画法、示意画法等在内的图示方法。

（1）规定画法　对标准中规定的某些特定表达对象所采用的特殊图示方法。

1）在不致引起误解时，对称物体的视图可只画一半或四分之一，并在对称中心线的两端画出对称符号（两条与其垂直的平行细实线），如图 5-22 所示。

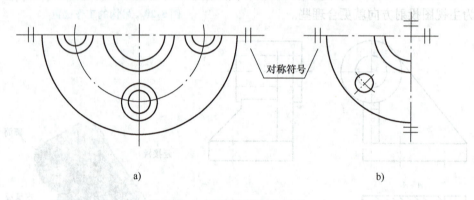

a)　　　　　　　　　　　　　　　　b)

图 5-22　对称物体的规定画法

2）为了避免增加视图或剖视图，对回转体上的平面，可用细实线绘出对角线表示，如图 5-23 所示。

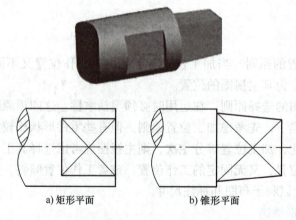

a) 矩形平面　　　　　　　　b) 锥形平面

图 5-23　平面的规定画法

3）较长的零件（轴、杆、型材、连杆等）沿长度方向的形状一致或按一定规律变化时，可断开后（缩短）绘制，其断裂边界可用波浪线绘制，也可用双折线或细双点画线绘制，如图 5-24 所示。但在标注尺寸时，要标注零件的实长。

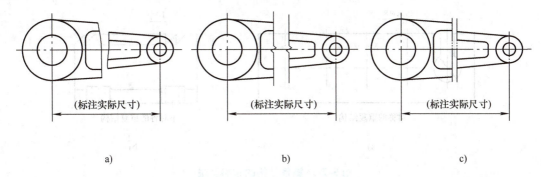

a)　　　　　　　　　　b)　　　　　　　　　　c)

图 5-24　较长零件的规定画法

4）在需要表示位于剖切平面前的结构时，这些结构可假想地用细双点画线绘制，如图 5-25 所示。

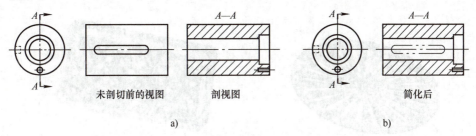

未剖切前的视图　　　剖视图　　　　　　简化后

a)　　　　　　　　　　　　　b)

图 5-25　局部视图的规定画法

5）在不致引起误解时，图形中的过渡线、相贯线可以简化，可用圆弧或直线代替非圆线，如图 5-26a、b 所示，也可以采用模糊画法表示相贯线，如图 5-26c、d 所示。

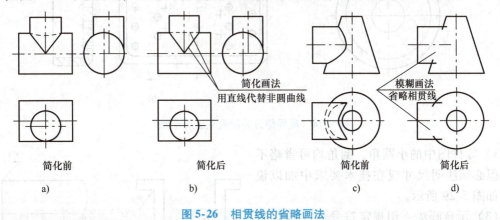

简化前　　　　　简化后　　　　　简化前　　　　　简化后

a)　　　　　　　b)　　　　　　　c)　　　　　　　d)

图 5-26　相贯线的省略画法

（2）省略画法　通过省略重复投影、重复要素、重复图形等达到使图样简化的图示方法。

1）零件中成规律分布的重复结构，允许只绘制出其中一个或几个完整的结构，但需反映其分布情况，并在零件图中注明重复结构的数量和类型。对称的重复结构，用细点画线表示各对称结构要素的位置，如图 5-27a 所示。不对称的重复结构，则用相连的细实线代替，如图 5-27b 所示。

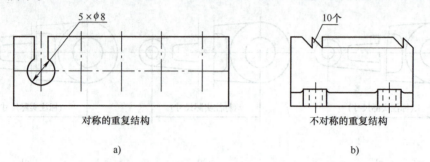

对称的重复结构　　　　　　不对称的重复结构

a)　　　　　　　　　　　　　　b)

图 5-27　重复结构的省略画法

2）若干直径相同且成规律分布的孔（圆孔、螺纹孔、沉孔等），可以仅画一个或少量几个，其余只需用细点画线表示其中心位置，但在零件图中要注明孔的总数，如图 5-28 所示。

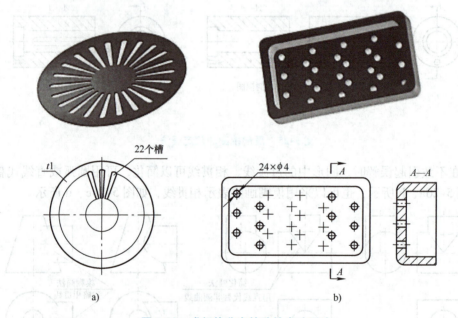

a)　　　　　　　　　　　　　　b)

图 5-28　成规律分布的孔的省略画法

3）零件图中的小圆角、倒角均可省略不画，但必须注明尺寸或在技术要求中加以说明，如图 5-29 所示。

（3）示意画法　用规定符号和（或）较形象的图线绘制图样的表意性图示方法。例如零件上的滚花、槽沟等网状结构，应用粗实线完全或部分地表示出来，并在图中按规定标注，如图 5-30 所示。

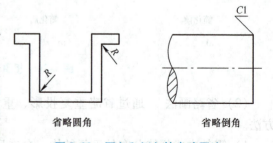

省略圆角　　　　　　　省略倒角

图 5-29　圆角和倒角的省略画法

2. 局部放大图

将机件的部分结构用大于原图形的比例画出的图形，称为局部放大图。局部放大图常用于表达机件上在视图中表达不清楚或不便于标注尺寸和技术要求的细小结构。

画局部放大图时应注意以下几点。

1）局部放大图可画成视图、剖视图或断面图，与被放大部分的图样画法无关，如图 5-31 所示。局部放大图应尽量配置在被放大部分的附近。

网纹 m0.5 GB/T 6403.3
（用粗实线表示）

图 5-30 滚花的示意画法

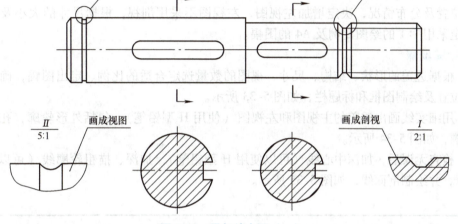

图 5-31 局部放大图（一）

2）绘制局部放大图时，除螺纹牙型、齿轮和链轮的齿形外，应将被放大部分用细实线圈出。在同一机件上有多处需要放大画出时，用罗马数字标明放大位置的顺序，并在相应的局部放大图上方标出相应的罗马数字及所用比例以示区别，如图 5-31 所示。若机件上只有一处需要放大时，只需在局部放大图的上方注明所采用的比例，如图 5-32 所示。必须指出，局部放大图上所标注的比例是指该图形中机件要素的尺寸与实际机件相应要素的尺寸之比，与原图所采用的比例无关。

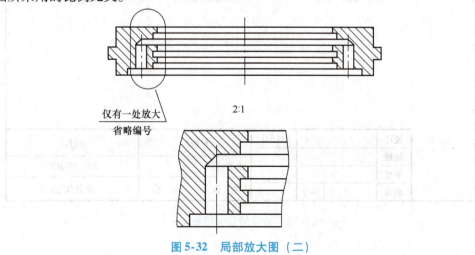

仅有一处放大
省略编号

2:1

图 5-32 局部放大图（二）

任务实施

1. 绘制思路及方法

绘制一张完整的零件图首先应根据零件的形状和结构特点，选择主视图的放置位置、投射方向，考虑主视图的表达方案，再根据主视图选定其他视图的数量、表达方案，最后根据视图的数量、尺寸标注、技术要求的标注和标题栏来确定合理比例及图幅的大小。

减速器透盖属于轮盘类零件，由于该零件的加工以车削加工为主，因而其主视图按加工位置原则采用轴线水平位置放置，将反映轴向的方向作为主视图的投射方向，在表达方案上采用全剖视图（这里采用两个相交的剖切面来进行剖切），为表达透盖的径向形状和孔、槽的相对位置及分布情况，决定增加左视图，左视图不采用剖视，根据尺寸的大小及视图数量，决定采用 1:1 的绘图比例及 A4 的图幅。

2. 绘图步骤

1）根据透盖的形状、结构、尺寸、视图的数量选定合适的比例、定出图幅，确定图形的中心位置及绘制图框和标题栏，如图 5-33 所示。

2）用细实线画出透盖的主视图和左视图（使用 H 型铅笔），包括外形轮廓，孔、槽等结构轮廓，如图 5-34 所示。

3）检查无误后，加深中心线（可以使用 H 型铅笔），加深、描粗轮廓线（可以使用 B 型铅笔），并绘制剖面线，如图 5-35 所示。

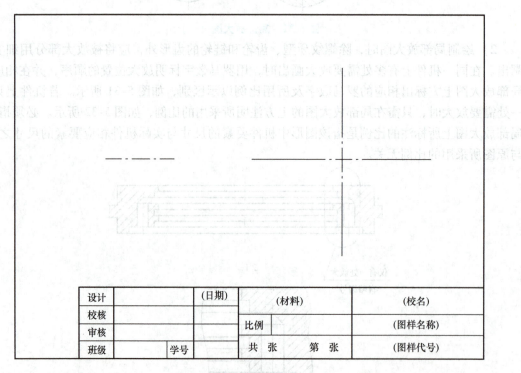

设计		（日期）		（材料）		（校名）
校核						（图样名称）
审核				比例		（图样名称）
班级		学号		共 张 第 张		（图样代号）

图 5-33　透盖的绘制步骤（一）

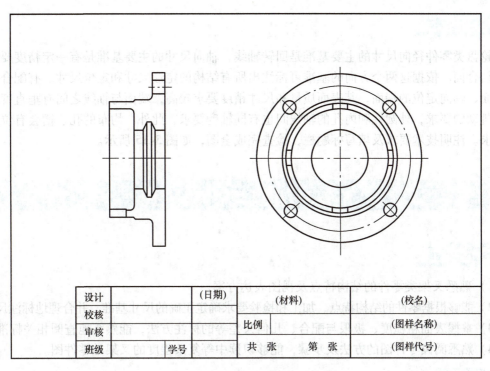

设计		（日期）	（材料）		（校名）
校核			比例		（图样名称）
审核					
班级	学号		共　张　　第　张		（图样代号）

图 5-34　透盖的绘制步骤（二）

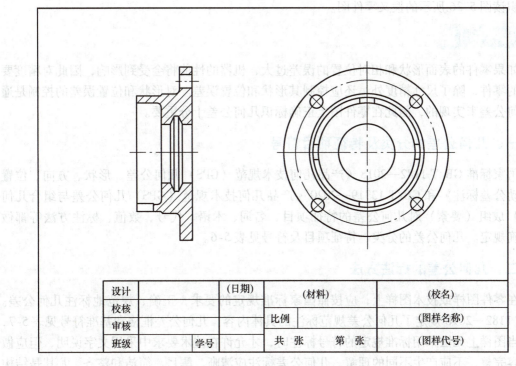

设计		（日期）	（材料）		（校名）
校核			比例		（图样名称）
审核					
班级	学号		共　张　　第　张		（图样代号）

图 5-35　透盖的绘制步骤（三）

【任务指导】

轮盘类零件径向尺寸的主要基准是回转轴线，轴向尺寸的主要基准是有一定精度要求的加工结合面。依据这两个方向的基准可标注出所有结构的定形尺寸和定位尺寸。有配合要求的表面、轴向定位的端面，其表面质量和尺寸精度要求较高，端面与轴线之间有垂直度或轴向圆跳动的要求，外圆柱和内孔的轴线间也有同轴度要求，此外，均布的孔、槽会有位置度的要求。注明技术要求及填写标题栏，检查完成全图，如图 5-15 所示。

任务 3　识读叉架类零件图

【任务目标】

1）熟悉叉架类零件的结构特点及视图表达方案。
2）能够根据零件的结构特点、加工和检验要求确定正确的尺寸基准，并合理地标注尺寸。
3）掌握表面粗糙度、极限与配合、几何公差等的标注方法，能熟练地查阅相关标准。
4）熟悉阅读零件图的方法及步骤，能够识读中等复杂程度的叉架类零件图。

【任务要求】

识读图 5-36 所示的拨叉零件图。

【知识链接】

如果零件的表面形状和相对位置的误差过大，机器的性能将会受到影响，因此对精度要求高的零件，除了尺寸精度外，还应控制其形状和位置误差。对形状和位置误差的控制是通过几何公差来实现的，因此在零件图上正确标识几何公差十分重要。

一、几何公差的分类及特征项目符号

国家标准 GB/T 1182—2018《产品几何技术规范（GPS）几何公差　形状、方向、位置和跳动公差标注》和 GB/T 13319—2020《产品几何技术规范（GPS）几何公差与组合几何规范》成组（要素）对几何公差的特征项目、名词、术语、代号、数值、标注方法等都做了明确规定。几何公差的分类、特征项目及符号见表 5-6。

二、几何公差的标注方法

在零件图样或技术图样上，应按照国家标准规定的要求，正确、规范地标注几何公差。GB/T 1182—2018 规定了几何公差规范标注的具体内容，几何公差框格和基准符号见表 5-7，只有当图样上无法采用标准规定的符号标注时，才允许在技术要求中采用文字说明，但应做到内容完整，不应产生不同的理解。几何公差标注应清晰、醒目、简洁和整齐，尤其是结构复杂的中大型零件（如机床箱体零件等），应尽量防止框格的指引线和尺寸线等线条纵横交错。

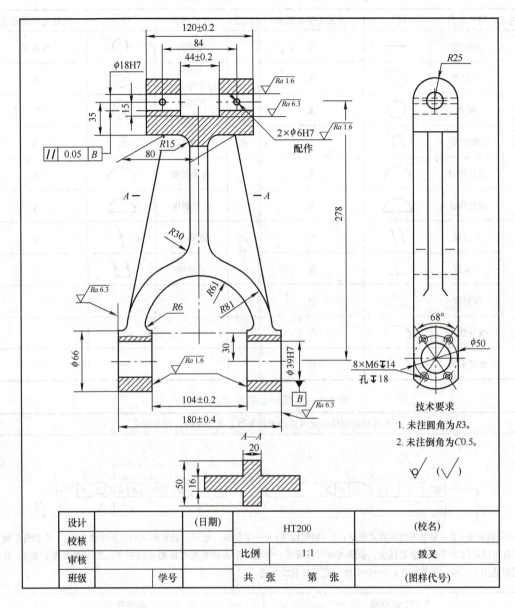

图5-36 拨叉零件图

几何公差代号及基准符号的画法如图 5-37 所示，h 表示字体高度。几何公差代号和基准代号均可垂直或水平放置，水平放置时其内容由左向右填写，竖直放置时其内容由下向上填写。如果公差带为圆形或圆柱形时，公差值前应加注符号"ϕ"，如图 5-37a 所示；如果公差带为圆球形，公差值前应加注符号"$S\phi$"。

几何公差框格指引线、参照线和基准符号的标注方法见表 5-8，被测要素的标注方法见表 5-9，公差值和有关符号的标注方法见表 5-10，常见几何公差的公差带形状及含义见表 5-11。

表5-6　几何公差的分类、特征项目及符号

公差	特征项目	符号	有或无基准要求	公差	特征项目	符号	有或无基准要求
形状公差	直线度	—	无	位置公差	位置度	⊕	有或无
	平面度	▱	无		同轴度（用于中心点）	◎	有
	圆度	○	无		同轴度（用于轴线）	◎	有
	圆柱度	⌭	无		对称度	⹀	有
	线轮廓度	⌒	无		线轮廓度	⌒	有
	面轮廓度	⌓	无		面轮廓度	⌓	有
方向公差	平行度	∥	有	跳动公差	圆跳动	↗	有
	垂直度	⊥	有		全跳动	⌰	有
	倾斜度	∠	有	—	—	—	—
	线轮廓度	⌒	有	—	—	—	—
	面轮廓度	⌓	有	—	—	—	—

表5-7　几何公差框格和基准符号

几何公差框格以及可选的辅助平面、要素标注、相邻标注

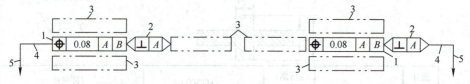

1—公差框格；2—辅助平面和要素框格；3—相邻标注；4—参照线，它可与公差框格的左侧中点相连（见上图左侧），如果有可选的辅助平面和要素标注，参照线也可与最后一个辅助平面和要素框格的右侧中点相连（见上图右侧），此标注同时适用于二维、三维标注；5—指引线，它与参照线相连

几何公差框格	基准符号
← ⊕ | φ0.1Ⓜ | A | BⓂ | 公差框格分成两格或多格，从左到右填写以下内容： 第一格—几何特征符号 第二格—公差数值和有关符号 第三格及以后各格—基准部分（字母和有关符号） 框格应尽量水平绘制，允许垂直绘制，其线型为细实线	基准符号由基准字母、方框、连线和等边三角形组成。方框内字母都应水平书写，基准字母用大写的拉丁字母表示（尽量不用的字母：E、I、J、M、O、P、L、R、F）

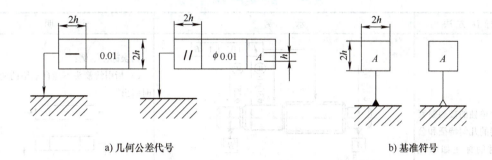

a) 几何公差代号　　　　　　　　　　b) 基准符号

图5-37　几何公差代号及基准符号

表5-8　几何公差框格指引线、参照线和基准符号的标注方法

标 注 方 法		示　　例	说　　明
指引线与框格的连接	自框格的左端或右端引出		为简便起见，允许自框格的侧边直接引出
指示箭头所指方向	指示箭头应指向公差带的宽度或直径方向		
基准符号的标注	基准部位必须画出基准符号，并在公差框格中注出基准字母		基准为中心要素、轮廓要素。错误标注如下： ◎ φ0.1

表 5-9　被测要素的标注方法

标注方法	示 例	说 明

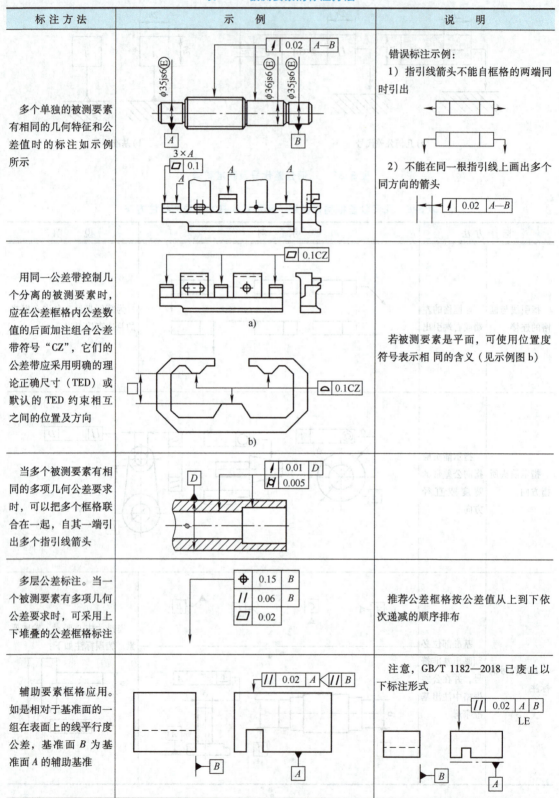

标注方法列：

多个单独的被测要素有相同的几何特征和公差值时的标注如示例所示

用同一公差带控制几个分离的被测要素时，应在公差框格内公差数值的后面加注组合公差带符号"CZ"，它们的公差带应采用明确的理论正确尺寸（TED）或默认的 TED 约束相互之间的位置及方向

当多个被测要素有相同的多项几何公差要求时，可以把多个框格联合在一起，自其一端引出多个指引线箭头

多层公差标注。当一个被测要素有多项几何公差要求时，可采用上下堆叠的公差框格标注

辅助要素框格应用。如是相对于基准面的一组在表面上的线平行度公差，基准面 B 为基准面 A 的辅助基准

说明列：

错误标注示例：

1）指引线箭头不能自框格的两端同时引出

2）不能在同一根指引线上画出多个同方向的箭头

若被测要素是平面，可使用位置度符号表示相同的含义（见示例图 b）

推荐公差框格按公差值从上到下依次递减的顺序排布

注意，GB/T 1182—2018 已废止以下标注形式

（续）

标 注 方 法	示　　例	说　　明
在用文字作附加说明时，属于被测要素数量的说明应写在公差框格的上方；属于解释性的说明（包括对测量方法的要求等）应写在公差框格的下方	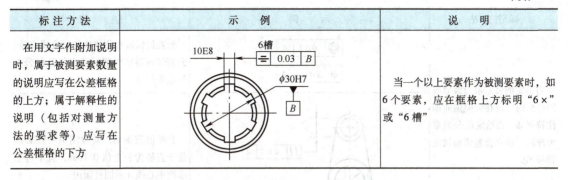	当一个以上要素作为被测要素时，如6个要素，应在框格上方标明"6×"或"6槽"

表 5-10　公差值和有关符号的标注方法

标 注 方 法	示　　例	说　　明
如果图样上标注的几何公差无附加说明，则被测范围是箭头所指的整个组成要素或导出要素	⌖ 0.05 A	在公差框格内的公差值都是指公差带的宽度或直径；如果不加说明，则是指被测表面的全部范围
如果公差适用于整个要素内的任何局部区域，则使用线性或角度单位（如适用）将局部区域的范围添加在公差值后面	— 0.2/75 a) □ 0.2/φ75 b)	图 a 所示为线性局部公差带，公差值指整个被测直线上任意 75mm 长度的公差值为 0.2mm 图 b 所示为圆形局部公差带，在图样上应配有"局部区域"标注
如需给出被测要素任一范围（面积）的公差值时，标注方法如示例所示	□ □0.04/100	指定任意范围或任意长度：示例表示在整个表面内任意 100mm × 100mm 的面积内，平面度误差不得大于 0.04mm
如需给出被测要素任一范围（长度）的公差值时，标注方法如示例所示	— 0.02/500 长向	在整个被测表面长向上，任意 500mm 的长度内，直线度误差不得大于 0.02mm
既有整体被测要素的公差要求，又有局部被测要素的公差要求，则标注如示例所示	— 0.05 / 0.02/200 ⟋ 0.05 / □0.01/100	分子表示整个要素（或全长）的公差值，分母表示限制部分（长度或面积）的公差值。这种限制要求可以直接放在表示全部被测要素公差要求的框格下面

（续）

标注方法	示　例	说　明
当给定的公差带为圆形或圆柱形时，应在公差值前加注符号 φ。当给定的公差带为球时，应在公差值前加注符号 Sφ	◎ | φ0.1 | A 　　⊕ | Sφ0.1 | A	公差值仅表示公差带的宽度或直径，公差带的形状规范元素也是几何公差的重要元素
	∥ | φ0.1 | A 　　A	公差值前加 φ，其被测中心线必须位于直径为公差值 0.1mm，且平行于基准中心线 A 的圆柱面内

由表 5-6 可知，几何公差类型很多。根据机械零件多样性，当被测要素、基准要素、使用功能要求不同时，公差带的各要素也不相同，构成几何公差标注的复杂性。下面列举生产实际中常见的几何公差标注示例和所对应的几何公差带。

1. 常见几何公差的公差带形状及含义

常见几何公差的公差带形状及含义见表 5-11。

表 5-11　常见几何公差的公差带形状及含义

名称	标注示例	公差带形状	含义
平面度	▱ | 0.08		表示被测上平面的提取（实际）表面应限定在间距等于 0.08mm 的两平行面之间
直线度	─ | φ0.08	φt	表示被测中心线在任一方向上都有直线度要求，其公差带为直径等于 0.08mm 的圆柱所限定的区域
圆柱度	⌭ | 0.1	t	圆柱度公差带为半径差等于公差值 $t = 0.1$mm 的两个同轴圆柱面所限定的区域

（续）

名称	标注示例	公差带形状	含义
平行度			表示被测要素的提取（实际）中心线应限定在间距等于0.1mm、平行于基准轴线A的两平行平面之间。限定公差带的平面均平行于由定向平面框格规定的基准平面B。基准B为基准A的辅助基准
对称度			表示被测要素的提取（实际）槽的对称中心面应限定在间距等于0.08mm、对称分布在基准中心面A两侧的两平行平面之间。基准中心平面A是上、下平面的对称中心面
垂直度			表示圆柱轴线的公差带是直径等于0.01mm的圆柱，与基准平面A垂直
圆跳动			表示在任一平行于基准平面B、垂直于基准轴线A的横截面上，被测要素的提取（实际）圆（组成要素）应限定在半径差等于0.1mm、圆心在基准轴线A上的两共面同心圆之间

2. 几何公差识读示例

几何公差代号的识读步骤一般为：①看指引线上的箭头所指位置，确定被测要素；②看公差框格中的几何特征符号，确定测量项目；③看公差框格中是否有基准字母，若有，则找出对应的基准代号，以确定基准要素；④看公差框格中的公差值，确定公差大小（若数字前有符号"ϕ"，表示公差带为圆柱）。

【例】　将下列技术要求标注在图5-38中。

1) 圆锥面的圆度公差为0.01mm，圆锥素线直线度公差为0.02mm。

2) 圆锥轴线对ϕd_1和ϕd_2两圆柱面公共轴线的同轴度公差为0.05mm。

3) 圆锥大端面对ϕd_1和ϕd_2两圆柱面公共轴线的轴向圆跳动公差为0.03mm。

4) ϕd_1和ϕd_2圆柱面的圆柱度公差分别为0.008mm和0.006mm。

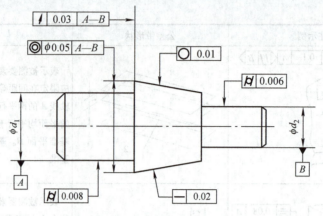

图 5-38　几何公差代号识读图例

任务实施

识读图 5-36 所示的拨叉零件图。

1. 看标题栏

从标题栏中可知零件的名称是拨叉，属于叉架类零件，材料为 HT200，比例 1:1。

2. 表达方法

由于叉架类零件加工工序较多，其加工位置经常变化，因此选择主视图时，主要考虑零件的形状特征和工作位置。叉架类零件常需要两个或两个以上的基本视图，为了表达零件上的弯曲或扭斜结构，还要选用斜视图、单一斜剖切面剖切的全剖视图、断面图和局部视图等表达方法。如图 5-36 所示，用主视图（其中采用局部剖视图）、左视图以及一个断面图清晰地表达该零件的结构形状，其中主视图应按零件的工作位置或自然安放位置选择，并选取最能反映形状特征的方向作为主视图的投射方向。

3. 结构特点

叉架类零件一般由三部分构成，即支持部分、工作部分和连接部分。连接部分多是肋板结构，且形状弯曲、扭斜的较多。支持部分和工作部分的细部结构也较多，如圆孔、螺纹孔、油槽、油孔等。这类零件多数形状不规则，结构比较复杂，毛坯多为铸件，需经多道工序加工制成。

4. 技术要求

从图 5-36 可知，有配合要求或有相对运动的部分，其表面粗糙度、尺寸公差和几何公差比其他部分要求严格（例如 $\phi39H7$ 孔端面表面粗糙度值为 $Ra1.6\mu m$、$\phi18H7$ 孔轴线相对 $\phi39H7$ 孔基准轴线有平行度公差要求，公差值为 $0.05mm$ 等）。对线性尺寸未注公差以及热处理方法和要求应在技术要求中注写清楚。

【任务指导】

叉架类零件常在车床、铣床等设备上加工，但加工位置不固定，而一些零件的工作位置还是比较明显的，因此，多按形状特征和工作位置来确定主视图。叉架类零件一般采用一个全剖视或局部剖视的基本视图表达内部结构形状，同时选择另一基本视图反映外形结构与相邻结构的表面连接形式。叉架类零件的结构形状较复杂，所以视图数量较多。对一些不平行于基本投影面的结构形状，常采用斜视图、斜剖视图和断面图来表达。

任务4 识读箱体类零件图

【任务目标】

1）熟悉箱体类零件的结构特点及视图表达方案。
2）能够根据零件的结构特点、加工和检验要求确定正确的尺寸基准，并合理地标注尺寸。
3）掌握表面粗糙度、极限与配合、几何公差等的标注方法，能熟练地查阅相关标准。
4）能够识读并绘制中等复杂程度的箱体类零件图。

【任务要求】

识读齿轮泵体零件图，如图 5-39 所示。

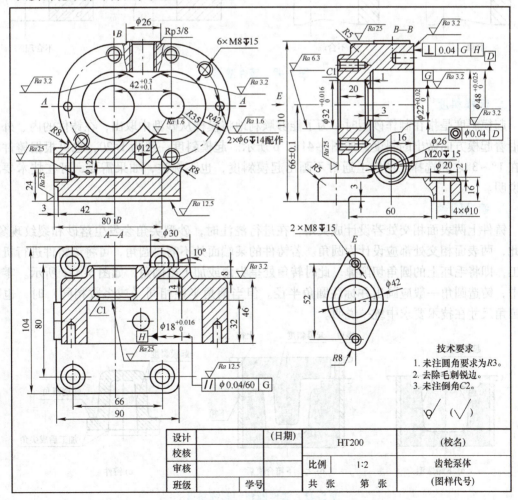

图 5-39 齿轮泵体零件图

【知识链接】

一、铸造工艺结构

铸造是指将熔融的液态金属浇入砂型型腔中，待其冷却凝固后获得具有一定形状和性能的铸造零件的方法。铸造的工艺结构包括铸件壁厚、起模斜度和铸造圆角等。

1. 铸件壁厚

铸件壁厚应尽量均匀或采用逐步过渡的结构，否则在壁厚处极易形成缩孔或在壁厚突变处产生裂纹，如图5-40所示。

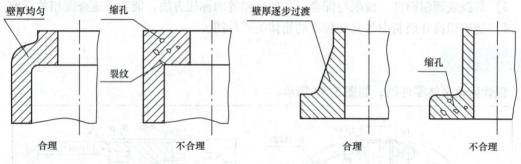

图 5-40　铸件壁厚

2. 起模斜度

起模斜度是指在制作砂型时，为了能够顺利地将模样从砂型中取出，在铸件的内、外壁上沿着起模方向做出的斜度，如图5-41a、b所示。起模斜度一般为1:20，也可根据铸件材料在1°~3°之间选择。图样上通常不画出起模斜度，也不标注，如果需要，可在技术要求中说明。

3. 铸造圆角

铸件上两表面相交处若设计成尖角，在进行浇注时，砂型尖角会发生落砂和裂纹现象。因此，两表面相交处都应设计为圆角。若铸件的某端面处不需要圆角，可将该铸件进行机械加工，即将毛坯上的圆角切削掉，此时转角处呈尖角或加工出倒角，如图5-41c所示。零件图中，铸造圆角一般应画出并标注圆角半径。但当圆角半径相同（或多数相同）时，也可将圆角尺寸在技术要求中统一说明。

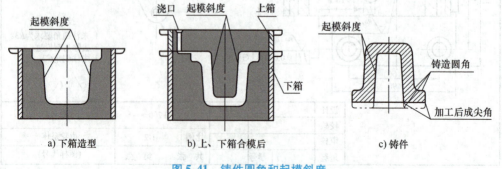

图 5-41　铸件圆角和起模斜度

4. 过渡线

由于铸件上的铸造圆角使得铸件表面的交线变得不够明显，图样中若不画出这些线，零件的结构就显得含糊不清。为此，图样中仍要画出理论交线，但两端不与轮廓线接触，这种交线称为过渡线，如图 5-42 所示。过渡线用细实线绘制。

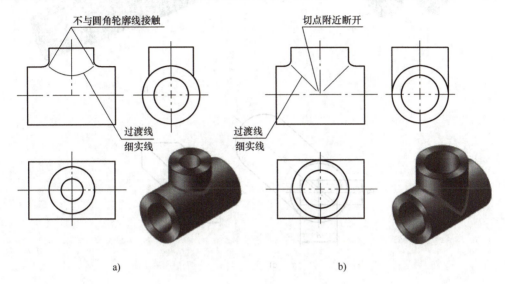

图 5-42 两圆柱面相交的过渡线

二、零件图上的技术要求——极限与配合

1. 轴和孔

孔：指圆柱形的内表面，也包括由两个平行平面或平行切面形成的非圆柱形内表面及其他内表面；轴：指圆柱形的外表面，也包括由两个平行平面或平行切面形成的非圆柱形外表面及其他外表面，如图 5-43 所示。

2. 尺寸

（1）尺寸　尺寸是以特定单位表示线性尺寸值的数值。机械图样中标注的尺寸规定以毫米为单位，不必注出单位。图 5-44 中的 40、$\phi30$ 尺寸分别为圆柱体的高度和直径的公称尺寸。

（2）公称尺寸　公称尺寸是设计给定的尺寸，由图样规范确定的理想形状要素的尺寸。孔的公称尺寸用 D 表示；轴的公称尺寸用 d 表示。

（3）极限尺寸　极限尺寸是指尺寸要素允许尺寸的两个极端值。尺寸要素允许的最大尺寸称为上极限尺寸，尺寸要素允许的最小尺寸称为下极限尺寸。

孔的上极限尺寸和下极限尺寸分别用 D_{max}、D_{min} 表示，如图 5-45a 所示。

轴的上极限尺寸和下极限尺寸分别用 d_{max}、d_{min} 表示，如图 5-45b 所示。

3. 尺寸公差与偏差

尺寸公差与偏差是对零件尺寸误差变化范围提出的要求，它给出了合格零件的尺寸范围，是零件合格与否的判断标准之一，孔与轴的尺寸公差与偏差关系如图 5-45 所示。

（1）极限偏差　极限尺寸减去公称尺寸所得的代数差。极限偏差又分上极限偏差（ES、

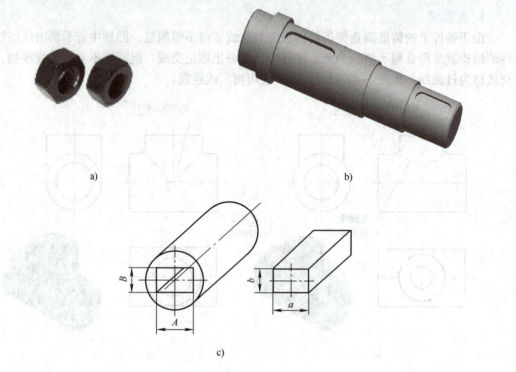

a)

b)

c)

图 5-43 孔和轴

es）和下极限偏差（*EI*、*ei*）。

孔偏差：由上极限偏差（*ES*）和下极限偏差（*EI*）组成。

孔的上极限偏差：$ES = D_{max} - D$。

孔的下极限偏差：$EI = D_{min} - D$。

轴偏差：由上极限偏差（*es*）和下极限偏差（*ei*）组成。

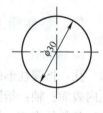

图 5-44 零件的公称尺寸

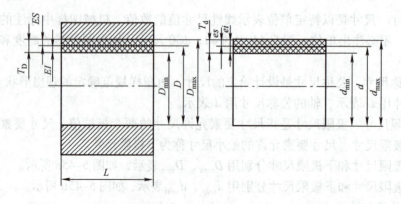

a)

b)

图 5-45 孔与轴的上、下极限尺寸

轴的上极限偏差：$es = d_{max} - d$。

轴的下极限偏差：$ei = d_{min} - d$。

（2）尺寸公差　尺寸公差为上极限尺寸减去下极限尺寸之差，或上极限偏差减去下极限偏差之差。孔、轴的公差分别用 T_D 和 T_d 表示。公差表示一个变动范围，所以公差数值前不能冠以符号。

孔公差：$T_D = |D_{max} - D_{min}| = |ES - EI|$。

轴公差：$T_d = |d_{max} - d_{min}| = |es - ei|$。

（3）基本偏差　为满足机器零件在装配时各种不同性质配合的需要，国家标准除对公差进行标准化外，还规定了 28 个孔和轴的公差带位置，每一个公差带位置由基本偏差确定，因此，基本偏差就是确定公差带相对于零线位置的上极限偏差或下极限偏差，一般为靠近零线的那个偏差。对所有位于零线之上的公差带，其基本偏差为下极限偏差；对所有位于零线之下的公差带，其基本偏差为上极限偏差。决定 28 个孔和轴的公差带位置的基本偏差系列用拉丁字母顺序排列，孔用大写字母表示，轴用小写字母表示，如图 5-46 所示。

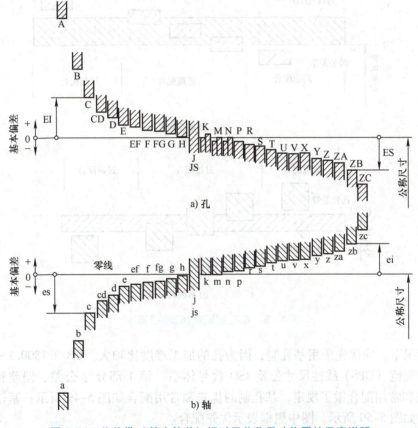

图 5-46　公差带（基本偏差）相对于公称尺寸位置的示意说明

孔和轴的公差带代号由基本偏差和标准公差等级代号组成。两种代号并列，位于公称尺寸之后，并与其字号相同，如图 5-47 所示。

4. ISO 配合制

ISO 配合制是由线性尺寸公差 ISO 代号体系中确定公差的轴和孔组成的一种配合制度。

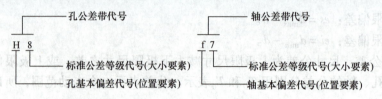

图 5-47　孔、轴公差带代号

我国国家标准规定了两种配合制：基孔制配合和基轴制配合。

（1）基孔制配合　基孔制配合指孔的基本偏差为零的配合，即孔的下极限偏差等于零的公差带与不同轴的公差带形成各种配合。

在基孔制配合中，孔为基准孔，其基本偏差代号为 H，如图 5-48a 所示。

（2）基轴制配合　基轴制配合指轴的基本偏差为零的配合，即轴的上极限偏差等于零的公差带与不同孔的公差带形成各种配合。

在基轴制配合中，轴为基准轴，其基本偏差代号为 h，如图 5-48b 所示。

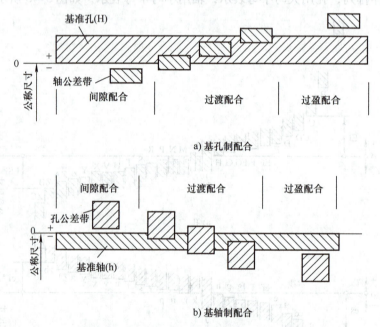

图 5-48　基孔制配合和基轴制配合

一般情况下，应优先采用基孔制，因为孔的加工难度比轴大。GB/T 1800.1—2020《产品几何技术规范（GPS）线性尺寸公差 ISO 代号体系　第 1 部分：公差、偏差和配合的基础》对优先和常用配合做了规定，基孔制的优先和常用配合如图 5-49 所示；基轴制的优先和常用配合如图 5-50 所示。图中黑框表示优先配合。

5. 配合

配合指类型相同且待装配的外尺寸要素（轴）和内尺寸要素（孔）之间的关系。

（1）间隙和过盈　当轴的直径小于孔的直径时，相配孔和轴尺寸的差为正，称为间隙，用 X 表示；当轴的直径大于孔的直径时，相配孔和轴尺寸的差为负，称为过盈，用 Y 表示；间隙和过盈如图 5-51 所示。

基准孔	轴公差带代号																
	间隙配合							过渡配合				过盈配合					
	b	c	d	e	f	g	h	js	k	m	n	p	r	s	t	u	x
H6						g5	h5	js5	k5	m5	n5	p5					
H7					f6	g6	h6	js6	k6	m6	n6	p6	r6	s6	t6	u6	x6
H8				e7	f7		h7	js7	k7	m7				s7		u7	
H8			d8	e8	f8		h8										
H9			d8	e8	f8		h9										
H10	b9	c9	d9	e9			h9										
H11	b11	c11	d10				h10										

图 5-49 基孔制配合优先选择的配合

基准轴	孔公差带代号																
	间隙配合							过渡配合				过盈配合					
	B	C	D	E	F	G	H	JS	K	M	N	P	R	S	T	U	X
h5						G6	H6	JS6	K6	M6	N6	P6					
h6					F7	G7	H7	JS7	K7	M7	N7	P7	R7	S7	T7	U7	X7
h7				E8	F8		H8										
h8			D9	E9	F9		H9										
				E8	F8		H8										
h9			D9	E9	F9		H9										
	B11	C10	D10				H10										

图 5-50 基轴制配合优先选择的配合

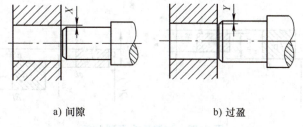

a) 间隙　　　　　　　　b) 过盈

图 5-51 间隙和过盈

（2）配合种类　配合种类有间隙配合、过盈配合和过渡配合。

1）间隙配合是指孔和轴装配时总是存在间隙（包括在极端情况下，最小间隙等于零）的配合。X_{max}表示最大间隙，X_{min}表示最小间隙，X_{av}表示平均间隙。此时，轴公差带在孔公差带的下方（图 5-52）。

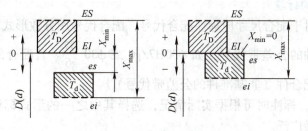

图 5-52 间隙配合及其图解

$$X_{\max} = D_{\max} - d_{\min} = ES - ei \quad （最松状态）$$

$$X_{\min} = D_{\min} - d_{\max} = EI - es \quad （最紧状态）$$

最大间隙与最小间隙的平均值为平均间隙，用 X_{av} 表示。

$$X_{av} = (X_{\max} + X_{\min})/2 \quad （平均松紧状态）$$

2）过盈配合是指孔和轴装配时总是存在过盈（包括在极端情况下，最小过盈等于零）的配合。此时，轴公差带在孔公差带的上方（图 5-53）。$Y_{\min}$ 表示最小过盈，$Y_{\max}$ 表示最大过盈，Y_{av} 表示平均过盈。

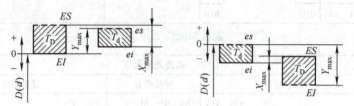

图 5-53　过盈配合及其图解

$$Y_{\min} = D_{\max} - d_{\min} = ES - ei \quad （最松状态）$$

$$Y_{\max} = D_{\min} - d_{\max} = EI - es \quad （最紧状态）$$

最大过盈与最小过盈的平均值为平均过盈，用 Y_{av} 表示。

$$Y_{av} = (Y_{\min} + Y_{\max})/2 \quad （平均松紧状态）$$

3）过渡配合是指孔和轴装配时可能具有间隙或过盈的配合。此时，轴公差带与孔公差带相互交叠（图 5-54）。

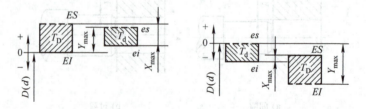

图 5-54　过渡配合及其图解

孔的上极限尺寸减去轴的下极限尺寸所得的代数差称为最大间隙，用 $X_{\max}$ 表示。

孔的下极限尺寸减去轴的上极限尺寸所得的代数差称为最大过盈，用 $Y_{\max}$ 表示。

平均间隙或过盈等于最大间隙与最大过盈的平均值。若平均值为正值，则为平均间隙，用 X_{av} 表示；若平均值为负值，则为平均过盈，用 Y_{av} 表示。

6. 极限与配合的标注

在装配图上，对于配合尺寸应标注配合代号，配合代号用分数形式表示，分子为孔的公差带代号，分母为轴的公差带代号，如 $\phi30H7/g6$ 或 $\phi30\frac{H7}{g6}$。若配合的孔或轴中有一个是标准件，则仅标注配合件（非基准件的公差带代号）。

如图 5-55 所示，标注时可根据实际情况，选择其中之一的形式标注，其中图 5-55b 所示形式的标注应用最广泛。

在零件图上，通常要对重要尺寸标注尺寸公差。线性尺寸的公差有三种标注形式：一是只标注极限偏差；二是只标注公差带代号；三是既标注公差带代号，又标注极限偏差，极限偏差值用括号括起来，如图 5-56 所示。

三、尺寸标注的注意事项

1. 功能尺寸应直接标出

图 5-55　装配图上的公差标注

零件的功能尺寸又称为主要尺寸，是指影响机器规格性能、工作精度和零件在部件中的准确位置及有配合要求的尺寸。这些尺寸应该直接注出，而不应由计算得出。如图 5-57 所示的尺寸 $20\dfrac{H8}{f7}$。

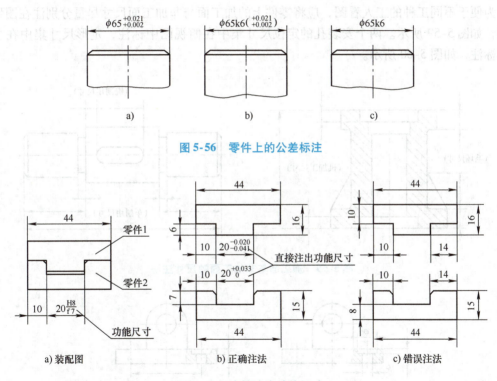

图 5-56　零件上的公差标注

图 5-57　直接注出功能尺寸

2. 避免注成封闭的尺寸链

图 5-58a 所示的阶梯轴，其长度方向的尺寸 24、9、38、71 首尾相接，构成一个封闭的尺寸链，这种情况应避免。因为封闭尺寸链中每一尺寸的尺寸精度，都将受链中其他各尺寸误差的影响，在加工时就很难保证总长尺寸 71 的尺寸精度。

在这种情况下，应当挑选一个最不重要的尺寸空出不注，以使所有的尺寸误差都积累在此处，阶梯轴凸肩宽度尺寸 9 属于非主要尺寸，因此断开不注，如图 5-58b 所示。

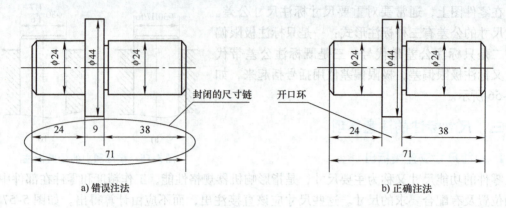

图 5-58　避免注成封闭的尺寸链

3. 标注尺寸要尽量适应加工方法及加工过程

为便于不同工种的工人看图，应将零件上的加工面与非加工面尺寸尽量分别注在图形的两侧，如图 5-59 所示。两个安装孔的定位尺寸集中在俯视图中标注，定形尺寸集中在主视图中标注，如图 5-60 所示。

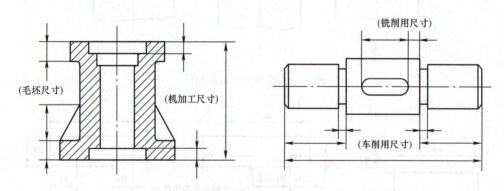

图 5-59　加工面与非加工面的尺寸注法

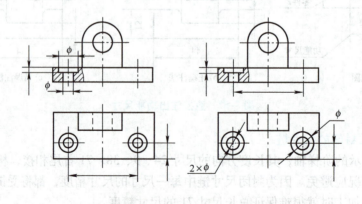

a) 好　　　　　b) 不好

图 5-60　孔的尺寸标注注意事项

4. 考虑测量方便

孔深尺寸的标注，除了便于直接测量，也要便于调整刀具的进给量。如图 5-61 所示，孔深尺寸 14 的注法，不便于用深度尺直接测量。

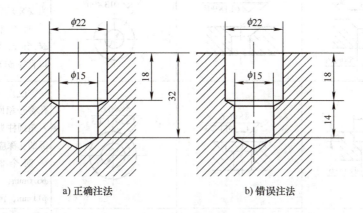

a) 正确注法　　　　　　　　b) 错误注法

图 5-61　标注尺寸应便于测量

四、零件上常见孔的尺寸标注

零件上常见的销孔、锪平孔、沉孔、螺纹孔等结构，可参照表 5-12 标注尺寸。

表 5-12　零件上常见孔的简化注法

类型	普通注法	旁　注　法		说　明
光孔	4×φ4	4×φ4▽10	4×φ4▽10	"▽" 深度符号 四个相同的孔，直径 φ4mm，孔深 10mm
	该孔无普通注法	锥销孔 φ4 配作	锥销孔 φ4 配作	"配作"系指该孔与相邻零件的同位锥销孔一起加工 "φ4"是指与其相配的圆锥销的公称直径（小端直径）
锪孔	φ13 4×φ6.6	4×φ6.6 ⌴φ13	4×φ6.6 ⌴φ13	"⌴" 锪平孔符号。锪孔通常只需锪出平面即可，故锪平深度一般不注 四个相同的孔，直径 φ6.6mm，锪平直径 φ13mm

（续）

类型	普通注法	旁注法		说　明
沉孔	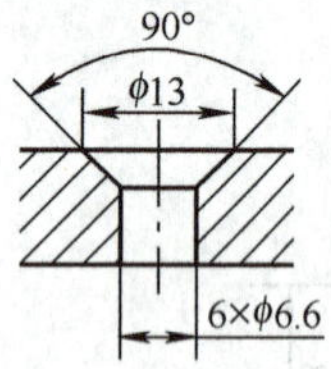 90° φ13 6×φ6.6	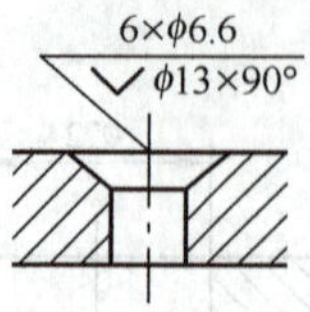 6×φ6.6 ▽φ13×90°	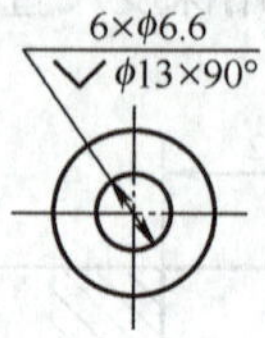 6×φ6.6 ▽φ13×90°	"▽" 埋头孔符号。该孔为安装开槽沉头螺钉所用 六个相同的孔，直径φ6.6mm，沉孔锥顶角90°，大口直径φ13mm
	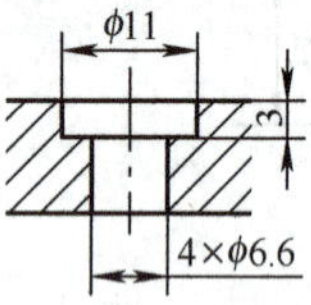 φ11 4×φ6.6 3	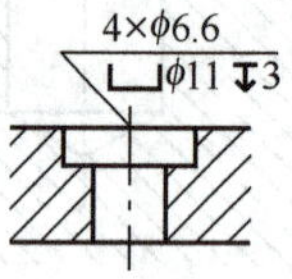 4×φ6.6 ⊔φ11↧3	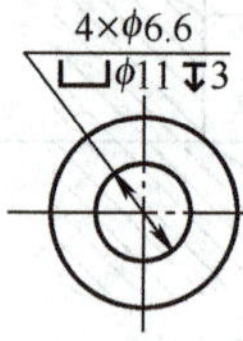 4×φ6.6 ⊔φ11↧3	"⊔" 沉孔符号（与锪平孔符号相同）。该孔为安装内六角圆柱头螺钉所用，承装头部的孔深应注出 四个相同的孔，直径φ6.6mm，柱形沉孔直径φ11mm，沉孔深3mm
螺纹孔	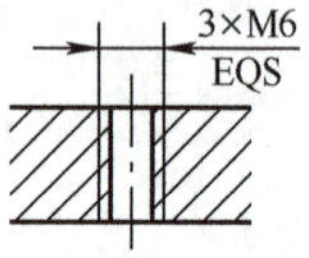 3×M6 EQS	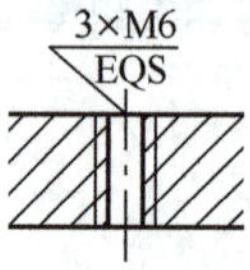 3×M6 EQS	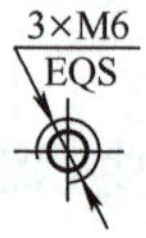 3×M6 EQS	"EQS" 为均布孔的缩写词 三个相同的螺纹通孔均匀分布，公称直径 D 为 M6，螺纹公差为 6H（省略未注）
	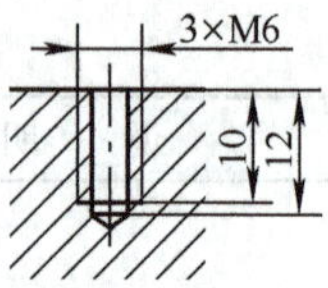 3×M6 10 12	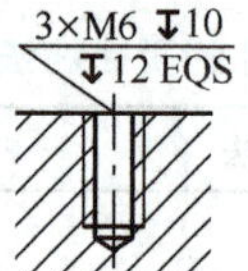 3×M6 ↧10 ↧12 EQS	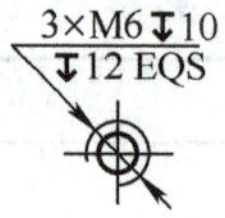 3×M6↧10 ↧12 EQS	三个相同的螺纹孔（不通孔）均匀分布，公称直径 D 为 M6，螺纹公差为 6H（省略未注），钻孔深 12mm，螺孔深 10mm

任务实施

识读齿轮泵体零件图，如图 5-39 所示。

1. 结构分析

该齿轮泵体零件主体可分为底板、支承板和长圆柱形空腔结构。底板的结构为四棱柱（长方体），为了减少接触面积，底部挖了一个凹槽；底板上有四个安装用的螺栓孔。安装齿轮的空腔及其外部结构是长圆柱体，空腔前面的边缘上有六个螺纹孔和两个销孔，用于泵盖的固定和定位，空腔后面有轴孔，用于支承齿轮轴；轴孔后部制有腰圆形凸台（见 E 视图），用于安装透盖，空腔上、下部加工了进、出油口。在底板和长圆柱形空腔之间，有长方体的支承结构。该结构左端置有圆柱形凸台，内部加工出圆孔，是出油口。

2. 视图表达

1）泵体零件图由主、俯、左三个基本视图和一个局部视图组成。

2）主视图反映了泵体的主要结构特征，且与它的工作位置一致。在主视图上对进、出油口作了局部剖视，表达了壳体的结构形状及齿轮腔与进、出油口在长、高方向的相对位置。

3）俯视图画成全剖视图（A—A），将安装一对齿轮的内腔及安装两齿轮轴的孔画成剖视图，同时反映了底板的形状、四个螺栓孔的分布情况，以及底板与壳体的相对位置。

4）左视图画成局部剖视图，剖切位置通过主动轴的轴孔，主要是为了表达腰圆形凸台（见 *E* 视图）上、下两螺纹孔及进、出油口与壳体、安装底板之间的相对位置。

3. 尺寸标注

在标注箱体类零件尺寸时，确定各部位的定位尺寸很重要，因为它关系到装配质量的好坏，为此首先要选择好尺寸基准，一般以安装表面、主要孔的轴线和主要端面作为基准。在箱体零件长、宽、高三个方面各选择一个主要基准。当各部位的定位尺寸确定后，其定形尺寸才能确定。

齿轮泵体的底面是它的安装表面，以它作为高度方向的尺寸基准，注出泵体总高 110，齿轮腔的中心高、底板的厚度及出油口也以底面为尺寸基准。

在长度方向选取主动轴轴孔中心线作为尺寸基准，注出两齿轮孔的中心距 42，出油口的位置也以此作为基准，底板采用对称标注，注出安装孔的位置。

在宽度方向选取壳体的前端配合面作为尺寸基准，注出内腔的深度 32、壳体的厚度 46 及出油口的位置。

4. 技术要求的注写

（1）主要表面的形状精度和表面粗糙度　箱体类零件的主要平面是装配基准，一般也是加工时的定位基准，应有较高的形状精度和较小的表面粗糙度值，否则，将直接影响箱体加工时的定位精度，影响箱体类各部件装配时的相互位置精度。齿轮泵体的前端面是主要装配基准，表面粗糙度值为 $Ra3.2\mu m$，与主轴孔的垂直度公差为 0.04mm。

（2）孔的尺寸精度、几何形状精度和表面粗糙度　箱体上的轴承支承孔的尺寸精度、几何形状精度和表面粗糙度具有较高要求，保证轴承与箱体孔的配合精度，否则，将使轴的回转精度下降，也易使传动件（如齿轮）产生振动和噪声。

（3）主要孔和表面相互位置精度　同一轴线的孔应有一定的同轴度要求，各支承孔之间也应有一定的孔距尺寸精度及平行度要求，否则，不仅装配有困难，还会使轴的运转情况恶化，温度升高，轴承磨损加剧，齿轮啮合精度下降，引起振动和噪声，影响齿轮使用寿命。泵体主动轴与从动轴支承孔的孔距公差为 0.1～0.3mm，平行度公差为 0.04mm，主动轴支承孔与主动轴轴孔的同轴度公差为 0.04mm。

【任务指导】

箱体类零件的视图一般采用三个以上的基本视图，广泛应用各种表达方法，如断面图、剖视图以及局部视图等。箱体类零件所属的装配图通常采用工作位置绘制，一般又具有多个加工位置，因此，箱体类零件一般以工作位置作为主视图。由于箱体类零件内腔较外形复杂，在主视图上通常采用剖视，以表达内部结构。设计中往往需要利用左视图（俯视图或右视图）来配合主视图表达箱体的内外形状，采用多少视图要根据箱体零件结构的复杂程度而定。

识读和绘制装配图

【任务目标】

1）基本掌握装配图的表达方法，以及绘制装配图的方法和步骤。

2）掌握阅读装配图的方法，具有由装配图拆画零件图的能力。

3）熟悉装配体的测绘过程和具体步骤。

【知识链接】

一、装配图的作用及内容

1. 装配图的作用

装配图是表示机器或部件及其组成部分的连接、装配关系及技术要求的图样。表示机器中某个部件的装配图，称为部件装配图；表示一台完整的机器装配图，称为总装配图。在进行设计、装配、调整、检验、安装、使用和维修时都需要装配图。它是设计部门提交给生产部门的重要技术文件。

在产品设计中，一般先画出机器或部件的装配图，然后根据装配图画出零件图。装配图要反映出设计者的意图，表示出机器或部件的工作原理、性能要求、零件间的装配关系和零件的主要结构形状，以及在装配、检验、安装时所需要的尺寸数据和技术要求。

2. 装配图的内容

下面以图 6-1 所示的机用平口钳分解轴测图为例，说明一张完整装配图（图 6-2）应具备的基本内容。

1）一组视图。用一组视图正确、完整、清晰地表达机器或部件的工作原理、各零件的装配关系和连接关系、传动路线以及零件的主要结构形状。

2）必要的尺寸。用来表达机器或部件的性能、规格以及装配、检验、安装时所必需的一些尺寸。

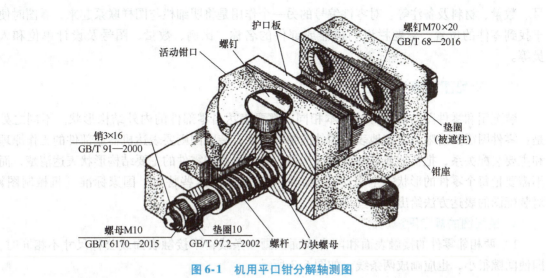

图 6-1　机用平口钳分解轴测图

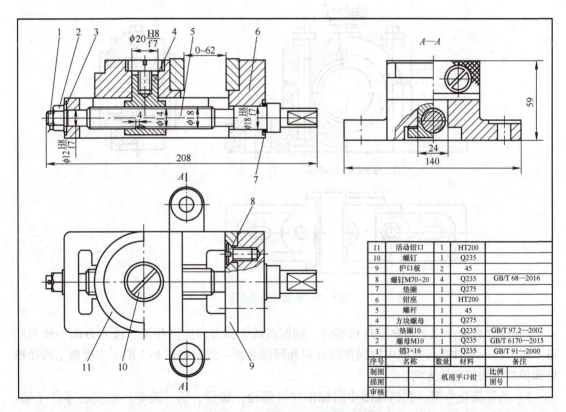

11	活动钳口	1	HT200	
10	螺钉	1	Q235	
9	护口板	2	45	
8	螺钉M70×20	4	Q235	GB/T 68—2016
7	垫圈	1	Q275	
6	钳座	1	HT200	
5	螺杆	1	45	
4	方块螺母	1	Q275	
3	垫圈10	1	Q235	GB/T 97.2—2002
2	螺母M10	1	Q235	GB/T 6170—2015
1	销3×16	1	Q235	GB/T 91—2000
序号	名称	数量	材料	备注
制图		机用平口钳	比例	
描图			图号	
审核				

图 6-2　机用平口钳装配图

3）技术要求。用文字或符号说明机器或部件的性能、装配和调整要求、验收条件、试验和使用、维护规则等。

4）零件序号、明细栏和标题栏。为了便于生产组织和管理图样及零件的需要，在装配图上必须对每个零件标注序号并编制明细栏。明细栏说明机器或部件上各个零件的名称、序号、数量、材料及备注等。对零件编号的另一个作用是将明细栏与图样联系起来，看图时便于找到零件的位置。标题栏说明机器或部件的名称、比例、数量、图号及设计单位和人员等。

二、装配图的表达方法

装配图和零件图的表达方法基本相同，都要表达出零部件的内外结构形状。不同之处是：零件图需要清晰、完整地表达零件的结构形状；装配图则要表达机器或部件的工作原理和主要装配关系，把机器或部件的内部构造、外部形状和零件的主要结构形状表达清楚，而不需要把每个零件的形状完全表达清楚。针对装配图的这些特点，国家标准《机械制图》对装配图的表达方法给出了一些规定。

1. 装配图的规定画法

1）两相邻零件的接触表面和配合表面只画一条线；不接触表面或公称尺寸不相同时，即使间隙很小，也应画成两条线，如图 6-3 所示。

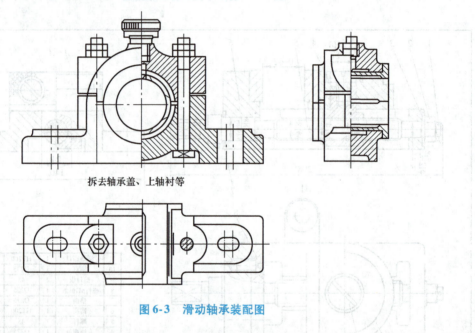

拆去轴承盖、上轴衬等

图 6-3　滑动轴承装配图

2）两个或两个以上金属零件相邻时，剖面线的倾斜方向应当相反，或者方向一致但间隔不同。同一零件在各视图中的剖面线方向和间隔必须一致。如图 6-2 所示主视图上活动钳身和护口板的剖面线方向。

3）为了简化作图，在剖视图中对标准件（螺栓、螺母、销、键等）和实心零件（轴、拉杆、手柄、球等），若剖切面纵向剖切，且通过其轴线或对称面时，这些零件均按不剖绘制。如图 6-2 所示主视图上的螺钉 10 和俯视图上的螺钉 8 等零件。

2. 装配图的特殊画法

（1）拆卸画法　当某个或几个零件在某一视图中遮住了需要表达的零件时，可假想拆去这些零件，只画所要表达部分的视图。为了便于看图，应在图中加注："拆去××等"。

（2）沿结合面剖切画法　为了表达内部结构，也可以选择沿某些零件的结合面进行剖切的画法。要注意结合面上不画剖面符号，但被剖切到的其他零件则必须画出剖面线。

（3）单独表达某零件的画法 在装配图中若有少数零件的某些方面还没有表达清楚，可以用视图、剖视单独画出这些零件，但必须对该图形进行标注。

（4）假想画法 在装配图中，对于运动的零件，当需要表明其运动范围或极限位置时，可用双点画线画出其在极限位置的外形轮廓。当需要表达相邻部件的装配关系时，也可将与其相邻的零部件的轮廓用双点画线画出，如图6-4所示。

（5）夸大画法 在装配图中，当遇到薄片零件、细丝弹簧或较小的斜度和锥度等情况而无法按其实际尺寸画出，或者虽能画出，却不能明显地表达其结构，此时可采用夸大画法，如图6-5中的垫片。

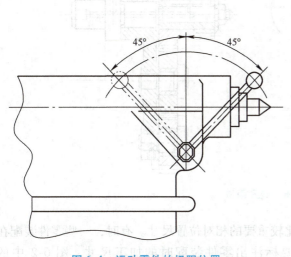

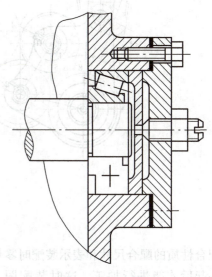

图6-4 运动零件的极限位置　　　　　　　　　　　图6-5 夸大画法

（6）简化画法

1）装配图中若干相同的零件组如螺栓连接等，可以仅详细地画出一组，其余只需用细点画线表示其中心位置。

2）装配图中的滚动轴承可以采用简化画法，如图6-5所示。

3）在装配图中，零件的工艺结构，如倒角、圆角、退刀槽等允许不画。

（7）展开画法 为了表达传动结构的传动路线和装配关系，可假想按传动顺序沿轴线剖切，然后依次展开画在同一平面上得到其剖视图，如图6-6所示。

三、装配图中的尺寸标注和技术要求

1. 装配图中的尺寸标注

由于装配图和零件图的作用不同，在零件图上的尺寸必须完整，而装配图主要是表达零部件的装配关系，因此不必注出零件的全部尺寸，一般只需标注以下几类尺寸。

1）性能（规格）尺寸：表示机器或部件的性能或规格的尺寸，它是设计和选用机器的依据。

2）装配尺寸：表示机器或部件中零件之间装配关系的尺寸，它包括表示两个零件之间

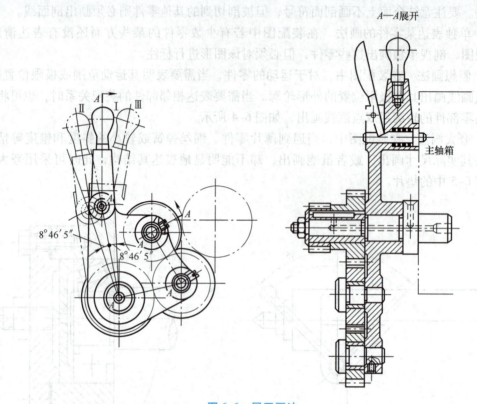

图6-6　展开画法

配合性质的配合尺寸和表示装配时零件间比较重要的相对位置尺寸。有时，一些零件装配在一起后才能进行加工，这时装配图上也要标注出零件装配时的加工尺寸。图6-2中的ϕ12H8/f7、ϕ20H8/f7属于装配尺寸。

3）安装尺寸：表示将机器或部件安装在地基上或与其他零部件连接时所需要的尺寸。

4）外形尺寸：表示机器或部件的总长、总宽和总高的尺寸。它反映了机器或部件的大小，是机器或部件在包装、运输及安装时所占空间大小的依据。图6-2中的208、140和59属于外形尺寸。

5）其他重要尺寸。除了以上四类尺寸，在装配和使用过程中必须说明的尺寸，如表示运动零件的位移尺寸必须注出。

需要注意的是不是每张装配图中都具有上述各种尺寸，而且有时某些尺寸兼有几种含义，因此在标注尺寸时要具体问题具体分析。

2. 装配图中的技术要求

技术要求是用文字或符号在装配图中说明机器或部件的性能、装配、检验和使用、维护等方面的注意事项，技术要求中的文字应简明扼要，通俗易懂，一般写在明细栏的上方或图样的左下方。

四、装配图中零、部件的序号和明细栏

生产中，为了便于看图、管理图样及做好生产准备，必须对每个不同的零件或部件进行

编号。

1. 部件编号的一般规定

1）装配图中所有的零部件都必须编写序号，同一装配图中相同的零部件应编一个序号。

2）装配图中零部件的序号应与明细栏中的序号一致。

3）同一装配图中序号编注的形式应一致。

2. 序号的编排方法

装配图中的序号一般由指引线、圆点、水平线（或圆圈）和序号数字组成，其中指引线、水平线及圆圈均为细实线，它的编排方法如下。

1）零件的序号应在视图外明显的位置上，应按顺时针方向或逆时针方向并按顺序水平或垂直整齐排列。

2）指引线由所指零件的可见轮廓内引出，并在其末端画一小圆点；若所指部分不便画圆点时，可在指引线的末端标画出箭头，并指向该部分的轮廓，如图6-7所示。

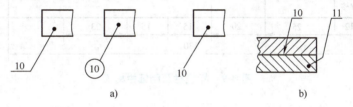

图6-7　序号的注写形式

3）在指引线另一端画水平线或圆，在水平线上或圆内注写序号，字高应比图上尺寸数字大一号或大两号；若在指引线另一端附近注写序号，字高应比图上尺寸数字大两号，如图6-7a所示。

4）指引线应尽可能分布均匀，不要与轮廓线或剖面线平行，指引线之间不允许相交。

5）指引线必要时可以弯折一次，如图6-7b所示。对于紧固件组成装配关系清楚的零件组，允许用公共指引线，如图6-8所示。

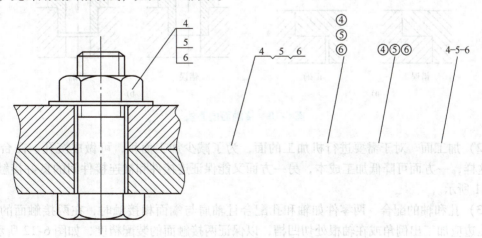

图6-8　零件组序号

3. 明细栏

明细栏是装配图中全部零件的详细目录，明细栏画在标题栏的上方并与之对齐，如图 6-9 所示。若明细栏位置不够用时，可在标题栏紧靠左边的位置自上而下延续。明细栏和标题栏的分界线以及明细栏的外框线均为粗实线，内框的分格线均为细实线。明细栏应按编号顺序自下向上进行填写。

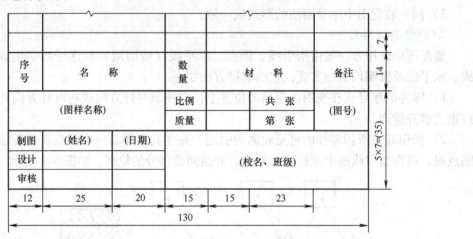

图 6-9　标题栏及明细栏格式

五、常见的装配工艺结构

为了保证机器或部件能够顺利装配，零件的结构除了要达到设计要求外，还必须考虑装配工艺的要求，否则会使装拆困难，所以，在设计时必须注意装配结构的合理性问题。

1. 接触面与配合面的结构

（1）接触面的数量　两个零件接触时，在同一方向接触面只能有一对。这样既保证了两零件间接触良好，又降低了加工成本，如图 6-10 所示。

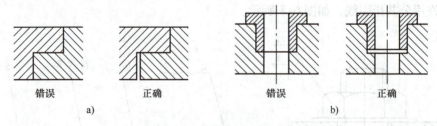

图 6-10　接触面的画法

（2）加工面　对于需要进行机加工的面，为了减少加工面积，可做成沉孔、凸台等结构，这样，一方面可降低加工成本，另一方面又能保证连接件和被连接件间的良好接触，如图 6-11 所示。

（3）孔和轴的配合　两零件如轴和孔配合且轴肩与端面相接触时，在两接触面的交角处，孔边应加工出倒角或在轴根处切凹槽，以保证两接触面的装配精度，如图 6-12 所示。

（4）连接件装配的合理结构

1）被连接件通孔的直径要比螺纹大径或螺杆直径大些，以便装配，如图 6-13a 所示。

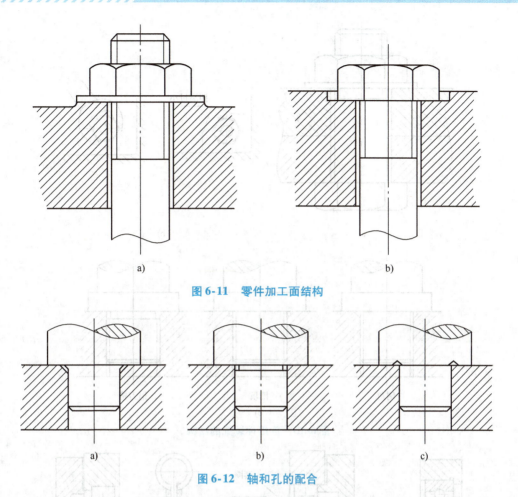

图 6-11 零件加工面结构

图 6-12 轴和孔的配合

2）为了便于拆装，应留出扳手活动空间和装拆螺栓的空间等，如图 6-13b 所示。

3）为紧固零件，要适当加长螺纹尾部，在螺杆上加工出退刀槽或者在螺纹孔上做出凹坑或倒角，如图 6-13c 所示。

2. 零件在轴向的定位及间隙

（1）轴向定位结构　装在轴上的滚动轴承（为防止产生轴向窜动）及齿轮等一般都要有轴向定位结构，以保证在轴向不产生移动。常用的形式有轴肩、台肩、弹性挡圈、端盖凸缘、圆螺母、止退垫圈和轴端挡圈，如图 6-14 所示。

（2）滚动轴承的间隙　为使滚动轴承转动灵活和热胀后不致卡住，应留有少量的轴向间隙，一般为 $0.2 \sim 0.3 \mathrm{mm}$。常用的调整滚动轴承间隙的方法有：使用不同厚度的金属垫片或用螺钉调整止推盘等，如图 6-15 所示。

3. 螺纹连接防松装置

机器运转时，由于受到振动或冲击等，有些零部件（如螺纹连接件）可能产生松动，因此要采用防松结构。在螺纹连接中可用弹簧垫圈、开口销、双螺母和止动垫片等防松装置，如图 6-16 所示。

4. 密封装置

在机器或部件中，为防止内部液体外漏及外部灰尘侵入，常需要采用密封装置。滚动轴

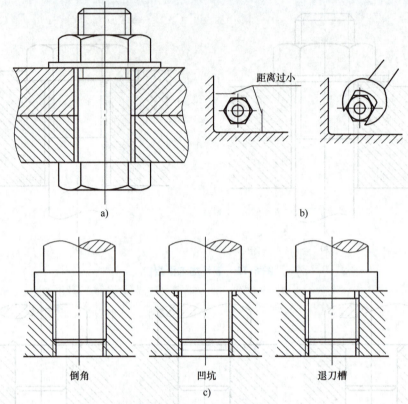

a)   b)

倒角   凹坑   退刀槽

c)

图 6-13　连接件装配的结构

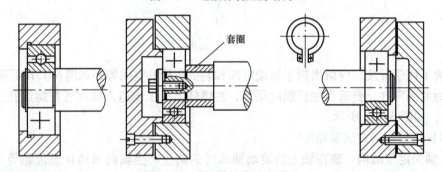

套圈

图 6-14　滚动轴承的固定装置

承的密封方式有毡圈式、沟槽式、皮碗式、挡片式等，
如图 6-17 所示。

六、绘制装配图

1. 装配图表达方案的选择

装配图要清楚地表达机器（部件）的工作原理、
各零件的相对位置和装配连接关系及主要零件的结构
形状。

表达方案的选择包括选择主视图和确定视图的数

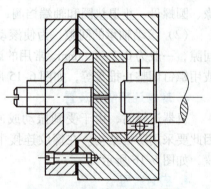

图 6-15　滚动轴承的间隙调整

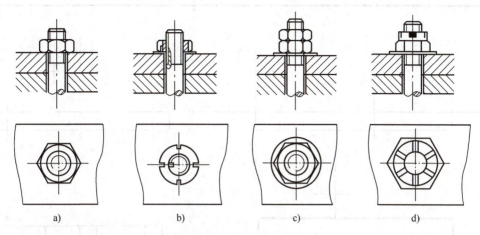

a)　　　b)　　　c)　　　d)

图 6-16　防松装置

量及表达方法。在选择表达方案时，应首先选好主视图，然后配合主视图选择其他视图。

（1）主视图的选择　主视图能够尽量表达部件的工作原理、传动路线及主要装配关系，并尽量按其工作位置放置，使主要装配轴线处于水平或垂直位置。

（2）其他视图的选择　考虑还有哪些装配关系、工作原理及主要零件的结构还没有表达清楚，以确定选择哪些视图及相应的表达方法，如剖视、断面、局部放大图等。为了便于看图，视图间的位置应尽量符合投影关系，整个图样的布局应匀称、美观；视图间留出一定的位置以便注写尺寸和零件编号，还要留出标题栏、明细栏及技术要求所需的位置。

2. 装配图的绘图步骤

1）根据部件大小、视图数量，确定图样比例，选择图幅，画出图框并定出明细栏和标题栏的位置。

2）画各视图的主要基线，并注意留出标注尺寸和编号的位置等，如图 6-18 所示。

3）从主视图开始，几个基本视图配合进行画图。按装配关系，逐个画出主要装配线上的零件轮廓，如图 6-19 所示。

4）依次画出各零件的详细结构，完成图形底稿，如图 6-20 所示。

5）整理加深图线，标注尺寸，编写序号，填写明细栏、标题栏，写出技术要求等，如图 6-21 所示。

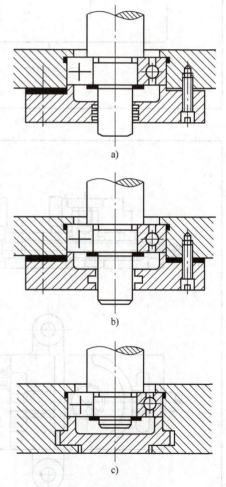

a)

b)

c)

图 6-17　滚动轴承的密封方式

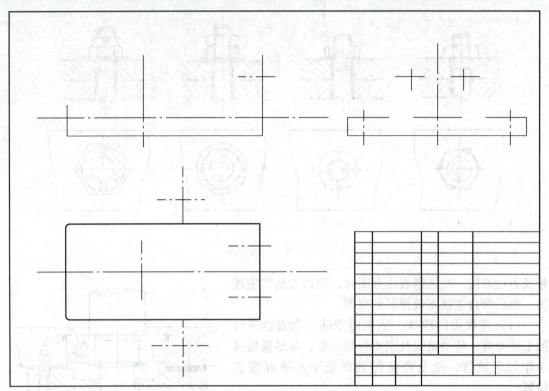

图 6-18　机用平口钳绘图步骤（一）

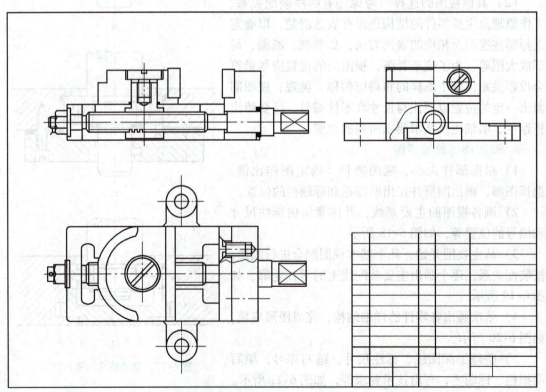

图 6-19　机用平口钳绘图步骤（二）

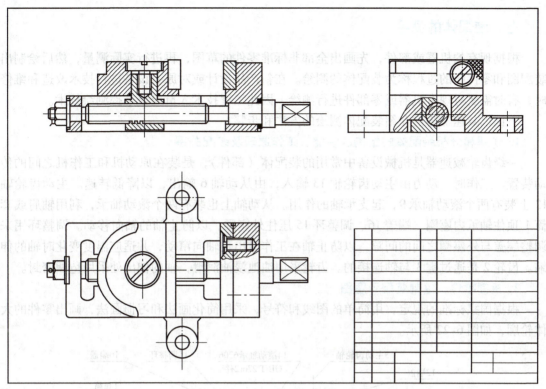

图6-20 机用平口钳绘图步骤（三）

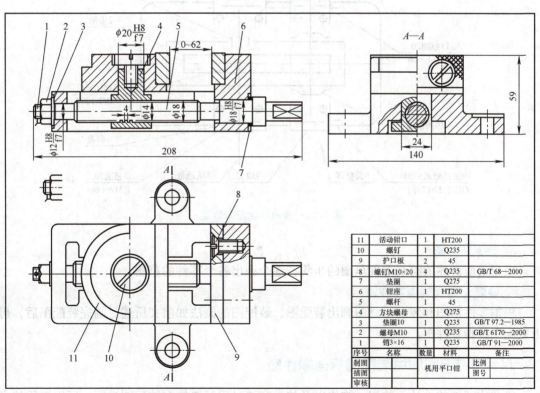

11	活动钳口	1	HT200	
10	螺钉	1	Q235	
9	护口板	2	45	
8	螺钉M10×20	4	Q235	GB/T 68—2000
7	垫圈	1	Q275	
6	钳座	1	HT200	
5	螺杆	1	45	
4	方块螺母	1	Q275	
3	垫圈10	1	Q235	GB/T 97.2—1985
2	螺母M10	1	Q235	GB/T 6170—2000
1	销3×16	1	Q235	GB/T 91—2000
序号	名称	数量	材料	备注
制图			机用平口钳	比例
描图				图号
审核				

图6-21 机用平口钳绘图步骤（四）

七、装配体的测绘

根据现有的机器或部件，先画出全部非标准零件的草图，再进行实际测量，然后绘制出装配图和零件图的过程称为装配体的测绘。在新产品设计或对原有设备进行技术改造和维修时，有时需要对现有机器或零部件进行测绘，因此工程技术人员应该掌握测绘技术。

下面以减速器为例介绍装配体测绘的方法和步骤。

1. 了解和分析装配体的结构、性能、工作原理及装配关系

一级齿轮减速器是机械设备中常用的装配体（部件），是装在原动机和工作机之间的传动装置。工作时，动力由主动齿轮轴 13 输入，由从动轴 6 输出，以降低转速。主动齿轮轴 13 上装有两个滚动轴承 9，起支承轴的作用。从动轴上也装有两个滚动轴承，利用轴肩或套筒 1 顶住轴承内座圈。端盖 16、调整环 15 压住外座圈，以防止轴的轴向移动。调整环用来调整端盖与外座圈之间的间隙，以防止轴在工作时出现轴向窜动，并适应温度变化时轴的伸缩。齿轮 2 是通过键 3 与轴连接的。齿轮采用油池浸油润滑，轴的伸出处采用毡圈密封。

2. 拆卸零件，绘制装配示意图

根据国家标准的规定，用简单的图线和符号，采用简化画法和习惯画法，画出零件的大体轮廓，如图 6-22 所示。

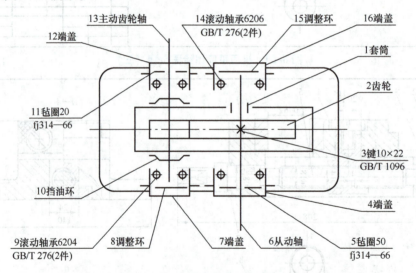

图6-22 减速器装配示意图

3. 画零件草图

根据前面讲述的绘制零件草图的步骤，逐个画出各个零件的草图。

4. 画装配图及拆画零件图

根据零件草图和装配示意图画出装配图，装配图的画法如前文所述。画完装配图后，再由装配图拆画零件图。

八、读装配图和由装配图拆画零件图

机器或部件的设计、装配、维修以及技术交流过程都要依据装配图进行，所以工程技术

人员必须具备读装配图的能力。

1. 装配图的识读

读装配图就是要了解部件或机器的性能、功用和工作原理，弄清各个零件的作用和它们之间的相对位置、装配关系以及拆装顺序，看懂各零件的主要结构形状和作用。

读装配图的方法和步骤：

（1）了解工作原理　通过看标题栏、明细栏、产品说明书和其他有关技术资料，了解该机器或部件的名称、性能、用途和工作原理。

（2）分析表达方案　分析装配图采用了哪些图样表达方法，找出各视图的投影关系，弄清各视图的表达方法。

（3）分析装配关系　分析各零件之间的配合关系、连接方式，弄清拆装顺序，进一步了解机器部件的整体结构。一般从主视图入手，围绕主要装配干线来进行。

（4）分析零件的结构形状　根据部件的工作原理，了解每个零件的作用，分析出它们的结构形状。

（5）归纳总结　在以上分析的基础上，进一步结合装配体的工作原理、传动路线以及拆装顺序，完善构思，总结对机器或部件的总体认识。

2. 由装配图拆画零件图

在设计过程中，先设计画出装配图，再根据装配图拆画出零件图，简称拆图。拆图时，要在看懂装配图的基础上，根据该零件的作用和与其他零件的装配关系，确定结构、形状、尺寸和技术要求等。

由装配图拆画零件图时应注意以下事项。

（1）零件结构形状的处理　装配图主要表达零件间的装配关系及机器的工作原理，对零件的某些局部结构不一定表达完全，这些结构可在拆画零件图时根据零件的功能和要求进行设计。在拆画零件图时，还要注意补充装配图上可能省略的工艺结构，如铸造斜度、圆角、退刀槽、倒角等。

（2）零件视图表达方案的选择　拆画零件图时，零件的表达方案是根据零件的结构形状特点考虑的。装配图的视图选择主要从整个部件出发，不一定符合每个零件视图的表达，因此应根据零件的结构形状、零件图的视图选择原则重新考虑表达方案。一般，壳体、箱体类零件主视图所选的位置可以与装配图一致，以便装配时对照；轴套类零件应按加工位置选取主视图。

（3）关于零件图的尺寸标注　拆图时，零件图的尺寸按以下四种方式确定：

1）直接抄注。凡是在装配图中注出、明细栏中给定的，必须直接照抄到零件图。对配合尺寸，相应的偏差数值或公差带代号也必须抄注到尺寸后面。

2）查标准确定。零件上的标准结构，如螺栓通孔直径、螺纹孔深度、键槽、倒角、退刀槽、中心孔等尺寸，应查阅有关标准确定。

3）计算尺寸。如齿轮的分度圆直径等。

4）按比例量取。除以上尺寸外的其他尺寸，可按比例从装配图上量取，但应注意尺寸数字的圆整和取标准化数值。

注意：

1）在标注零件图尺寸时，对有装配关系的尺寸要注意相互协调，以免造成矛盾。

2）根据设计和工艺要求合理选择尺寸基准，将尺寸标注得正确、完整、清晰、合理。

（4）零件的表面粗糙度　零件图上注写的表面粗糙度应根据零件表面的作用和要求来确定。配合表面要选择恰当的公差等级和基本偏差。一般来说，接触面与配合面的表面粗糙度数值应较小，自由表面的表面粗糙度数值可较大。有密封、耐蚀、美观等要求的表面粗糙度数值应较小。

（5）技术要求　根据零件的作用等，在零件图上加注必要的技术要求，如几何公差、材料热处理及表面处理要求等。

（6）由装配图拆画零件图举例　由图 6-2 所示机用平口钳的总装配图，并按上述介绍的拆画零件图的注意事项得到钳座的零件图，如图 6-23 所示。

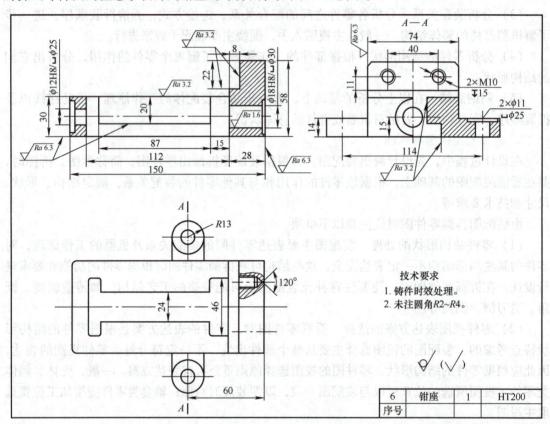

图 6-23　钳座零件图

项目 7

典型零件的测绘

零件的测绘是徒手绘制草图，对实际零件进行尺寸测量和标注尺寸，并绘制成用于生产零件的图样。零件的测绘是修复机器设备必不可少的环节，也是机械制图课程学习中理论联系实际的重要过程。

任务 1　常用测绘工具及使用

零件的测绘首先要分析零件的结构形状，选择必要的视图，用徒手方法绘制零件的草图，然后再进行尺寸测量，最后才能绘制成标准图样。尺寸测量是绘制零件图的重要步骤，准确地测量零件的尺寸，是保证图样正确的根本要求。

【任务目标】

1）熟悉常用测绘工具的名称、结构、使用说明及注意事项。
2）掌握使用专用测量工具进行零件测绘的方法和步骤。

【任务要求】

熟练掌握常用测绘工具的使用。

【知识链接】

一、零件尺寸的测量方法

表 7-1 列出了常用测绘工具的名称、结构、使用说明及注意事项。

1. 测量线性尺寸

对于非功能线性尺寸，可直接用钢直尺测量，若用钢直尺不能直接测出，也可用三角板配合测量，如图 7-1a 所示。对于功能线性尺寸，要用更精密的量具测量，如图 7-1b 所示的游标卡尺。

表7-1　常用测绘工具

名称	图示	使用说明	注意事项
钢直尺	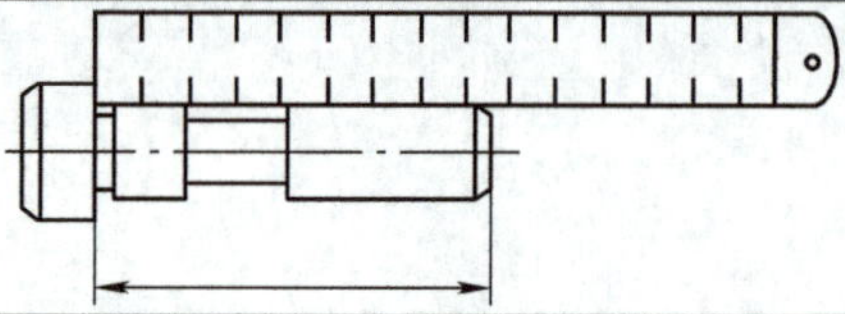	一般应用在精度要求不高的场合	使用时钢直尺要贴紧或平行于被测零件的长度
内外卡钳	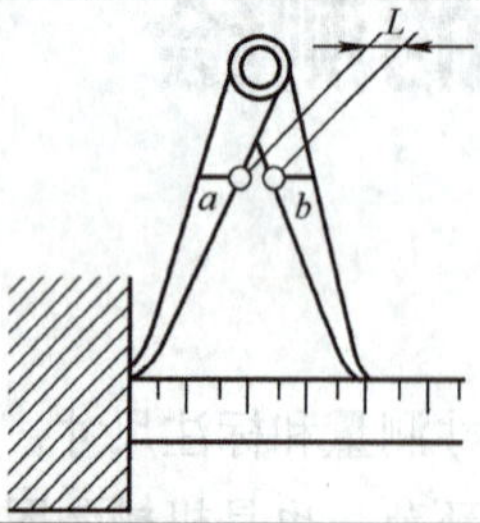	需借助钢直尺或游标卡尺读数	卡爪松紧程度合适,测量后应立即读出示值
游标卡尺	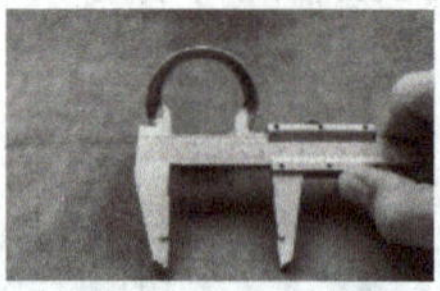 测量内径 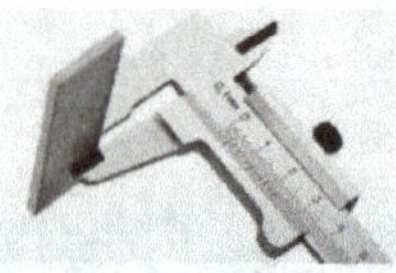　测量高(长、宽) 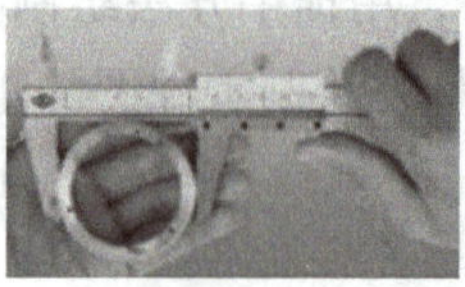 测量外径 　测量深度	作为常用测量工具,可测长度、内径、外径、深度等	测量外径和内径时,应保证卡爪处于直径处。卡爪与接触面松紧适度。测量之前应检查卡尺精度是否准确
万能角度尺		用于测量斜度和锥度	先对准度数,后微调值。相加后为实测的角度值
螺纹规	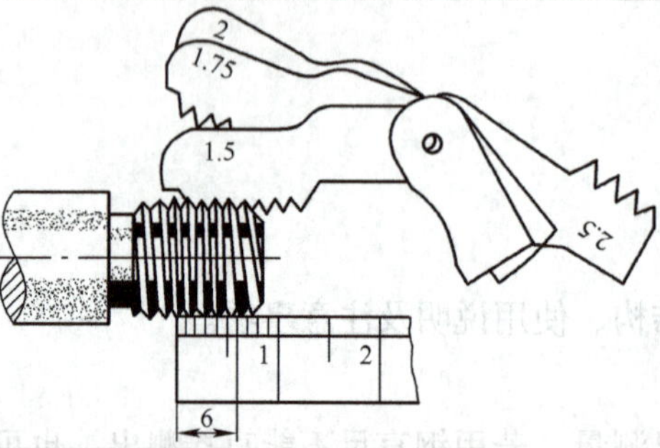 2 1.75 1.5 2.5 1　2 6	测量螺纹的螺距	仅适用于米制螺纹,测量时要保证选用的螺距与实际螺纹的螺距完全吻合

2. 测量壁厚和深度

测量零件的壁厚时,若直接使用钢直尺测量不方便,则可用外卡钳和钢直尺配合测量,如图7-2所示。对于零件上孔和槽的深度,可用游标卡尺上的深度尺来测量,如图7-3所示。

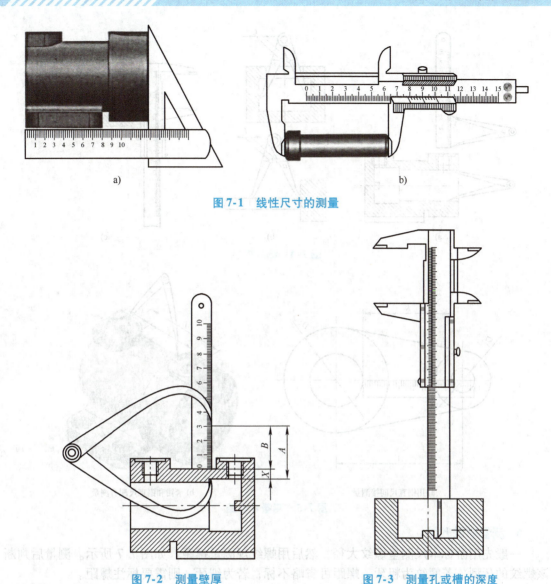

图7-1　线性尺寸的测量

图7-2　测量壁厚

图7-3　测量孔或槽的深度

3. 测量内、外径

当测量精度要求不高时，内、外径可分别用内、外卡钳测量，然后在钢直尺上读数；当精度要求较高时，可用游标卡尺或螺旋千分尺测量内、外径，并直接读数，图7-4所示为测量内径的情况。

4. 测量孔的中心距

用钢直尺间接测量出相邻孔边的尺寸 K 及直径 D_1、D_2 后，中心孔的间距 $A = K + (D_1 + D_2)/2$，如图7-5a所示。此外，也可先用游标卡尺（或卡钳和钢直尺配合）测量出孔的直径 d，然后再用卡钳测出孔间距 K，当两孔的直径相等时，中心距 $L = K + d$，如图7-5b所示。

5. 测量圆角半径

圆角半径一般采用圆角规测量，即在圆角规中找出与被测部分圆角完全吻合的一片，由该片上的读数可知该圆角的半径值，如图7-6所示。

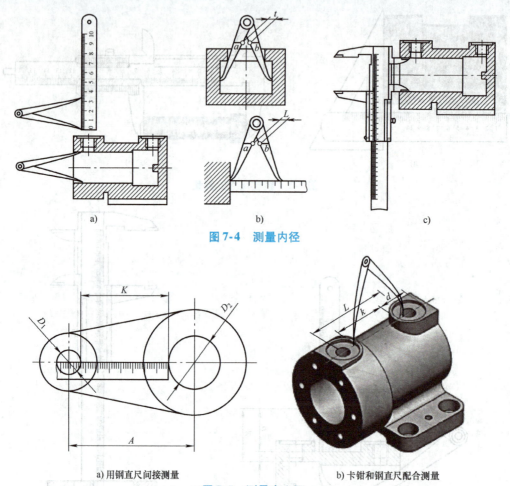

图 7-4　测量内径

a) 用钢直尺间接测量 b) 卡钳和钢直尺配合测量

图 7-5　测量中心距

6. 测量螺纹尺寸

　　一般先用游标卡尺测量螺纹大径，然后用螺纹规测量螺距，如图 7-7 所示。测量后判断该螺纹的牙型，若螺纹为粗牙，螺距可省略不标；若为细牙，则需要标注螺距。

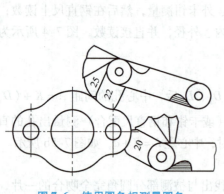

图 7-6　使用圆角规测量圆角

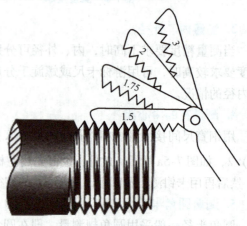

图 7-7　使用螺纹规测量螺距

二、零件测绘应注意的几个问题

零件测绘是一项比较复杂的工作，要认真地对待每个环节，测绘时应注意以下几点。

1）对于零件制造过程中产生的缺陷（如铸造时产生的缩孔、裂纹等）和使用过程中造成的磨损、变形等不应画在图上。

2）零件上的工艺结构，如倒角、铸造圆角、退刀槽等一般应全部画出，不得遗漏。

3）严格检查尺寸是否遗漏或重复，相关零件尺寸是否协调，以保证零件图、装配图的顺利绘制。

4）对于零件上的标准结构要素，如螺纹、键槽、倒角、退刀槽等可直接查表确定尺寸数值。与标准件配合或相关联结构（如轴承孔、螺栓孔、销孔等）的尺寸，应将测量结果与标准进行核对，并圆整成标准数值。

三、零件测绘的步骤

1. 了解和分析零件

对要测绘的零件首先应了解它的名称、用途、材料及其在机器或部件中的位置和作用。对零件的结构形状和制造方法进行分析，以便考虑选择零件表达方案和尺寸标注。

2. 确定表达方案

先根据零件的形状特征、加工位置、工作位置等情况选择主视图；再按零件内外结构特点选择视图和剖视图、断面图等表达方法。

3. 画零件草图

目测比例，徒手绘制的图，称为草图。零件草图是绘制零件图的依据，必要时还可以直接指导生产，因此，它必须包括零件图的全部内容。

绘制零件草图的步骤如下。

1）选定绘图比例，确定适当图幅，画出图框和标题栏。画出各视图的对称中心线、轴线、作图基准线，确定各视图的位置。

2）以目测比例，徒手详细地画出主视图（半剖视图）、俯视图和左视图（半剖视图），一般先画主体结构，再画局部结构，各视图之间要符合投影规律。

3）选定尺寸基准，画出全部尺寸界线、尺寸线和箭头。

4）集中测量尺寸，填写尺寸数值；标注各表面的表面粗糙度代号、确定尺寸公差；填写技术要求和标题栏。

4. 审核草图，根据草图画零件图

零件草图一般是在现场绘制的，受时间和条件所限，有些部分只要表达清楚就可以，不一定是完善的。因此画零件图前需对草图的视图表达方案、尺寸标注、技术要求等进行审核，经过补充、修改后，即可根据草图绘制零件图。

任务实施

读出图7-8所示游标卡尺的读数。

解： 游标零线在123mm与124mm之间，游标上的第11格标尺标记与主标尺标记对准。所以，被测尺寸的整数部分123mm，小数部分为 $11 \times 0.02\text{mm} = 0.22\text{mm}$，被测尺寸为

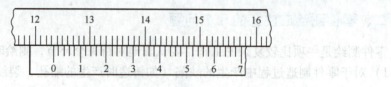

图7-8　游标卡尺读数

（123 + 0.22）mm = 123.22mm。

【任务指导】

　　根据测量器具的选择原则，选用适当的测量器具进行测量，测量过程要对测量器具轻拿轻放、保持清洁，注意防锈、防振，使用后妥善存放保管。

任务2　拨杆的草图测绘

【任务目标】

　　1）熟练使用常用测绘工具，能够测绘拨杆。
　　2）掌握常用图线的线型、画法及其应用。
　　3）通过拨杆的草图测绘，熟悉零件草图的绘图步骤。

【任务要求】

　　如图7-9所示，测绘拨杆的各部分尺寸，完成草图（A4）1份。

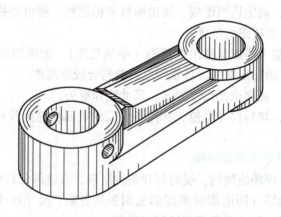

图7-9　拨杆的立体图

【任务实施】

　　绘制图7-10所示拨杆的草图。

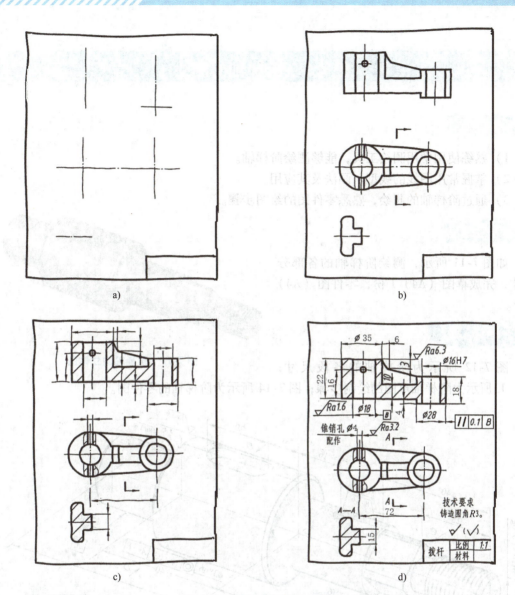

图7-10 拨杆草图的绘制步骤

【任务指导】

1）分析零件，确定表达方案。拨杆属于叉架类零件，叉架类零件常用1～2个基本视图表达其主要结构。一般选取最能反映形状特征的方向作为主视图的投射方向。内部结构通常采用全剖视图和局部剖视图表达。连接部分（一般为支承板、轮辐、肋板等）用断面图表达。该拨杆选择主、俯两个基本视图，其中主视图采用全剖视图，拨杆的肋板采用断面图，配作锥销孔 $\phi 4mm$ 的结构及位置采用局部剖视图表达。

2）确定比例和图幅。该拨杆的最大尺寸为长度尺寸，用钢直尺测量可知其长度尺寸，结合零件的复杂程度，可采用1:1的绘图比例和A4图幅。

3）绘制拨杆的草图。画出拨杆零件的定位基准线，然后目测各部分的大概尺寸，按草图绘制步骤画出完整的草图。

任务3 阶梯轴的测绘

【任务目标】

1）熟练使用常用测绘工具，能够测绘阶梯轴。

2）掌握常用图线的线型、画法及其应用。

3）通过阶梯轴的测绘，熟悉零件图的绘图步骤。

【任务要求】

如图 7-11 所示，测绘阶梯轴的各部分尺寸，完成草图（A4）1 份，零件图（A4）1 份。

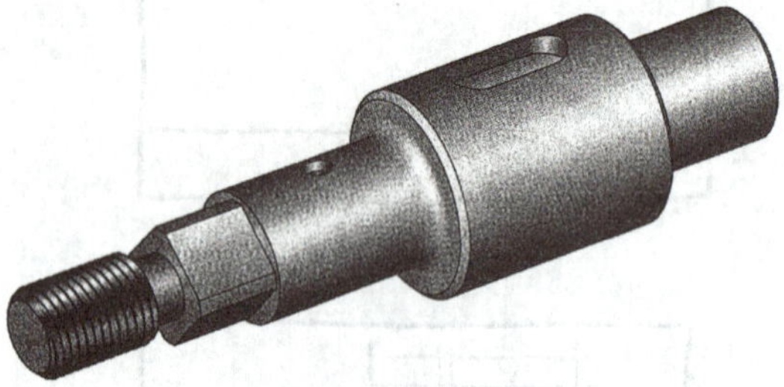

任务实施

图 7-12 所示为阶梯轴的各段尺寸；图 7-13 所示为阶梯轴草图的绘制步骤；图 7-14 所示为阶梯轴的零件图。

图 7-11 阶梯轴的立体图

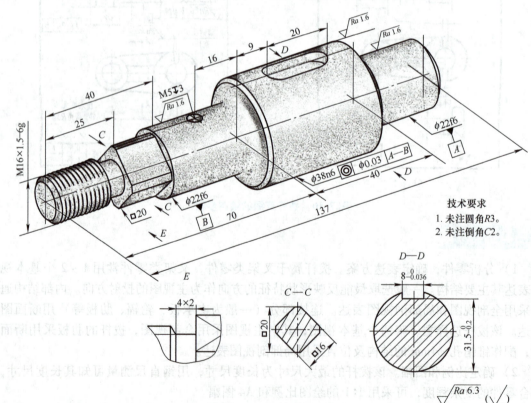

技术要求
1. 未注圆角R3。
2. 未注倒角C2。

图 7-12 阶梯轴的各段尺寸

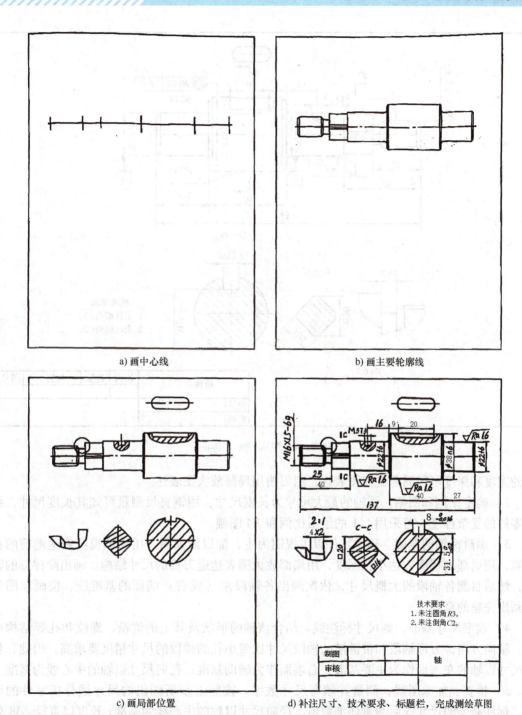

a) 画中心线　　　　　　　　　　　b) 画主要轮廓线

c) 画局部位置　　　　d) 补注尺寸、技术要求、标题栏，完成测绘草图

图7-13 阶梯轴草图

【任务指导】

绘制阶梯轴草图及零件图的要点如下。

1）分析零件，确定表达方案。轴类零件以主视图为主，该阶梯轴上的小孔深度以及键

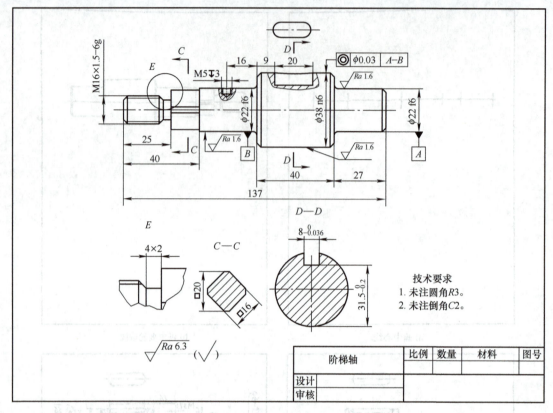

图 7-14 阶梯轴的零件图

槽的宽度和深度可用局部剖视图表达，退刀槽用局部放大图表达。

2）确定比例和图幅。该轴的最大尺寸为长度尺寸，用钢直尺测量可知其长度尺寸，结合零件的复杂程度，可采用 1∶1 的绘图比例和 A4 图幅。

3）画阶梯轴的草图。轴类零件以主视图为主，配以断面图，用局部视图表达键槽的长和宽，用局部剖视图表达小孔深度，用局部放大图表达退刀槽的尺寸结构。画出阶梯轴的轴线，然后目测各轴段的大概尺寸，依次画出各轴段左（或右）端面的基准线，按画草图步骤画出完整的草图。

4）确定尺寸基准，画尺寸标注线。结合该轴的形状及其上的键槽、螺纹和孔等结构可知，轴向方向，方形轴段和带键槽的轴段尺寸比带小孔的轴段的尺寸精度要求高，因此，长度尺寸以轴的左端面作为主要基准，右端面作为辅助基准；径向尺寸以轴的中心线为基准。

5）检查、加深图线，测量并填写尺寸数字。按照上步所画出的尺寸线分析零件的尺寸，标注必要的尺寸线后测量详细数值。径向尺寸以轴的中心线为基准；长度以直径 $\phi38$ 处的左端作主要基准，以轴的右端面为辅助基准，如图 7-13 所示。

6）制订技术要求。标注表面粗糙度和几何公差要求。轴段直径 $\phi38$ 处安装传动零件，其轴线与两端直径 $\phi22$ 处轴颈的轴线有同轴度要求。表面质量在直径 $\phi22$ 处和直径 $\phi38$ 处最高，为 $Ra1.6\mu m$，其余可酌情考虑，螺纹处的精度无特殊要求。对于连接配合处，如轴承直径 $\phi22$ 和安装轴上零件的 $\phi38$ 处，测量后的数值需查极限数值表得出准确的公差值。$\phi22$

处轴承采用滑动轴承，所以选择基孔制的配合。而轴段直径 $\phi38$ 安装轴零件时应不留间隙或间隙极小，所以选用过渡配合连接。键连接处可以按轴径查键的标准值和相关公差值。然后将上述参数填入草图中。

7）填写标题栏并绘制零件图。该阶梯轴的零件图如图 7-14 所示。

任务4　透盖的测绘

【任务目标】

1）熟练使用常用测绘工具，能够测绘轮盘类零件。

2）掌握常用图线的线型、画法及其应用。

3）通过透盖的测绘，熟悉零件图的绘图步骤。

【任务要求】

如图 7-15 所示，测绘透盖的各部分尺寸，完成草图（A4）1 份，零件图（A4）1 份。

图 7-15　透盖立体图

任务实施

透盖零件图的绘图步骤如下。

1）选定合适的比例、定出图幅，确定图形的中心位置及绘制图框和标题栏，如图 7-16 所示。

2）画出透盖的主视图和左视图，如图 7-17 所示。

3）加深、描粗轮廓线（可以使用 B 型铅笔），并绘制剖面线，如图 7-18 所示。

4）标注尺寸及公差，注明技术要求及填写标题栏，如图 7-19 所示。

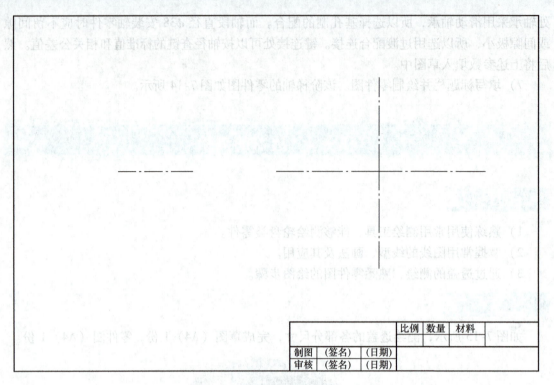

			比例	数量	材料	
制图	(签名)	(日期)				
审核	(签名)	(日期)				

图 7-16　透盖零件图的绘制步骤（一）

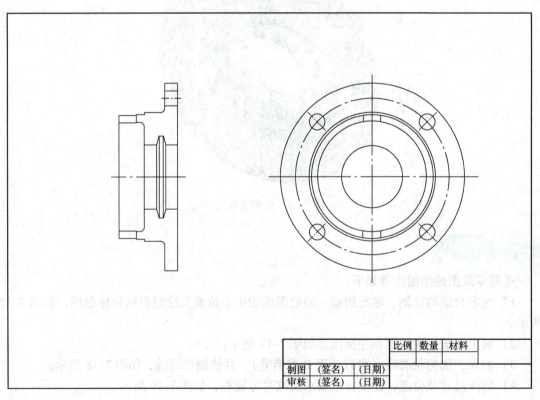

			比例	数量	材料	
制图	(签名)	(日期)				
审核	(签名)	(日期)				

图 7-17　透盖零件图的绘制步骤（二）

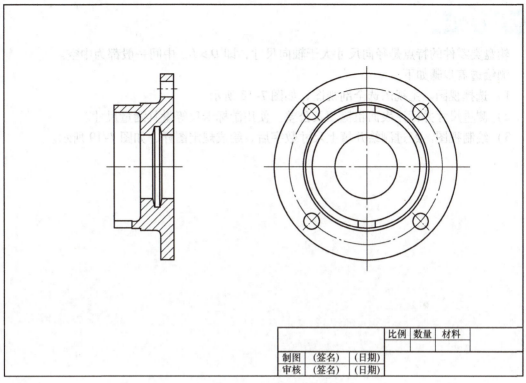

		比例	数量	材料	
制图	(签名)	(日期)			
审核	(签名)	(日期)			

图7-18　透盖零件图的绘制步骤（三）

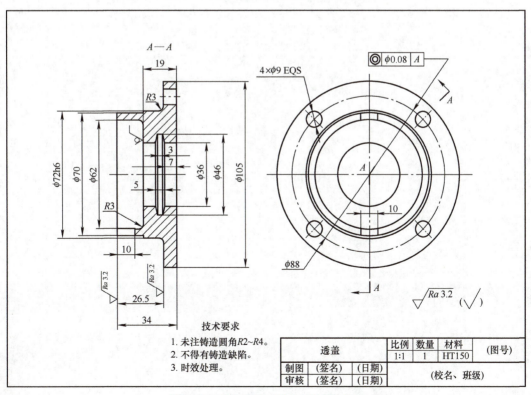

技术要求

1. 未注铸造圆角R2~R4。
2. 不得有铸造缺陷。
3. 时效处理。

透盖			比例	数量	材料	（图号）
			1:1	1	HT150	
制图	(签名)	(日期)				（校名、班级）
审核	(签名)	(日期)				

图7-19　透盖零件图的绘制步骤（四）

【任务指导】

轮盘类零件的特点是径向尺寸大于轴向尺寸，即 $D > L$，中间一般都为中空。测绘透盖步骤如下。

1）选择视图。主视图选全剖视图，如图 7-18 所示。

2）测量尺寸并标注表面粗糙度及公差。使用游标卡尺等量具测量尺寸。

3）绘制视图。经过测绘并填上尺寸数字后，绘成规定图样，如图 7-19 所示。

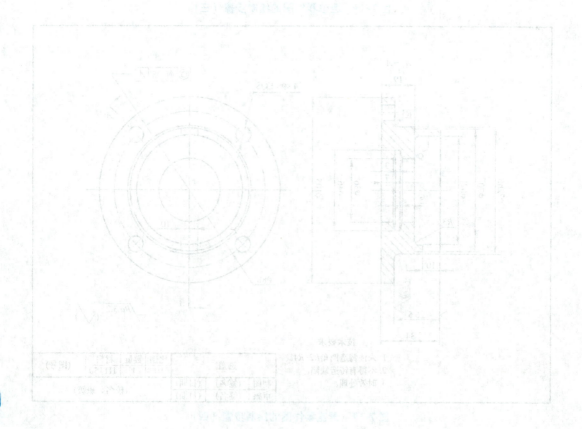

附　录

表 A-1　普通螺纹的直径与螺距、公称尺寸

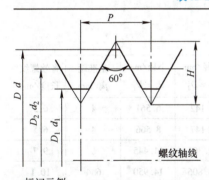

$$d_2 = d - 2 \times \frac{3}{8}H, \quad D_2 = D - 2 \times \frac{3}{8}H$$

$$d_1 = d - 2 \times \frac{5}{8}H, \quad D_1 = D - 2 \times \frac{5}{8}H$$

$$H = \frac{\sqrt{3}}{2}P$$

式中　D、d——内、外螺纹大径；

D_2、d_2——内、外螺纹中径；

D_1、d_1——内、外螺纹小径；

P——螺距；

H——原始三角形高度。

标记示例：

M12 – 5g（粗牙普通外螺纹，公称直径 $d = 12$mm、中径及大径公差带均为 5g、中等旋合长度右旋）。

M12 × 15 – 6H – LH（普通细牙内螺纹、公称直径 $D = 12$mm、螺距 $P = 1$mm、中径及小径公差带均为 6H、中等旋合长度、左旋）。

（单位：mm）

公称直径 D、d		螺距 P		粗牙小径 D_1、d_1	公称直径 D、d		螺距 P		粗牙小径 D_1、d_1
第一系列	第二系列	粗牙	细牙		第一系列	第二系列	粗牙	细牙	
3		0.5	0.35	2.459	16		2	1.5、1	13.835
	3.5	0.6		2.850		18	2.5		15.294
4		0.7		3.242	20		2.5	2、1.5、1	17.294
	4.5	0.75	0.5	3.688		22	2.5		19.294
5		0.8		4.134	24		3	2、1.5、1	20.752
6		1	0.75	4.917		27	3	2、1.5、1	23.752
8		1.25	1、0.75	6.647	30		3.5	(3)、2、1.5、1	26.211
10		1.5	1.25、1、0.75、(0.5)	8.376		33	3.5	(3)、2、1.5	29.211
12		1.75	1.5、1.25	10.106	36		4	3、2、1.5	31.670
	14	2	1.5、1.25、1	11.835		39	4		34.670

注：1. 优先选用第一系列。
　　2. M14 × 1.25 仅用于火花塞。

表 A-2 管螺纹

55°密封管螺纹 GB/T 7306—2000

螺纹特征代号
圆柱内螺纹Rp

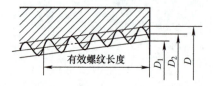

圆锥内螺纹Rc

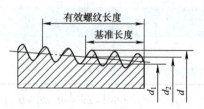

圆锥外螺纹R

55°非螺纹密封管螺纹 GB/T 7307—2001

螺纹特征代号G

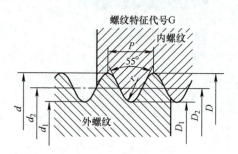

标记示例:
尺寸代号为1/2,A级左旋螺纹标记:G1/2A LH
尺寸代号为3/4,右旋圆锥内螺纹Rc标记:Rc3/4

尺寸代号	每 in⊖ 内的牙数/n	螺距 P /mm	牙高 h /mm	圆弧半径 r /mm	大径/mm $d = D$	中径/mm $d_2 = D_2$	小径/mm $d_1 = D_1$	基准距离/mm	有效螺纹长度/mm
1/16	28	0.907	0.581	0.125	7.723	7.142	6.561	4	6.5
1/8					9.728	9.147	8.566	4	6.5
1/4	19	1.337	0.856	0.184	13.157	12.301	11.445	6	9.7
3/8					16.662	15.806	14.950	6.4	10.1
1/2	14	1.814	1.162	0.249	20.955	19.793	18.631	8.2	13.2
5/8 *					22.911	21.749	20.587		
3/4					26.441	25.279	24.117	9.5	14.5
7/8 *					30.201	29.039	27.877		
1	11	2.309	1.479	0.317	33.249	31.770	30.291	10.4	16.8
1 1/4					37.897	40.431	38.952	12.7	19.1
1 1/2					41.910	46.324	44.845	12.7	19.1
2					59.614	58.135	56.656	15.9	23.4
2 1/2					75.184	73.705	72.226	17.5	26.7
3					87.884	86.405	84.926	20.6	29.8
4					113.030	111.551	110.072	25.4	35.8

注:1. 尺寸代号有"*"者,仅有非螺纹的管螺纹。

2. "基准长度""有效螺纹长度"均为螺纹密封的管螺纹的参数。

⊖ 1in = 25.4mm。

表 A-3　梯形螺纹

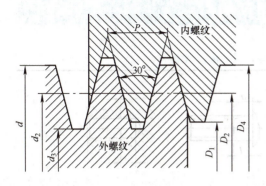

d——外螺纹大径；D_4——内螺纹大径；

d_2——外螺纹中径；D_2——内螺纹中径；

d_3——外螺纹小径；D_1——内螺纹小径。

标记示例：

公称直径 28mm，螺距 5mm，中径公差带代号为 7H 的单线右旋梯形内螺纹，其标记：

$$Tr28 \times 5 - 7H$$

公称直径 28mm，导程为 10mm，螺距 5mm，中径公差带代号为 8e 的双线左旋梯形外螺纹，其标记：

$$Tr28 \times 10(P5)LH - 8e$$

（单位：mm）

公称直径 d 第一系列	第二系列	螺距 P	中径 $d_2=D_2$	大径 D_4	小径 d_3	小径 D_1
8		1.5	7.25	8.30	6.20	6.50
	9	1.5	8.25	9.30	7.20	7.50
	9	2	8.00	9.50	6.50	7.00
10		1.5	9.25	10.30	8.20	8.50
10		2	9.00	10.50	7.50	8.00
	11	2	10.00	11.50	8.50	9.00
	11	3	9.50	11.50	7.50	8.00
12		2	11.00	12.50	9.50	10.00
12		3	10.50	12.50	8.50	9.00
	14	2	13.00	14.50	11.50	12.00
	14	3	12.50	14.50	10.50	11.00
16		2	15.00	16.50	13.50	14.00
16		4	14.00	16.50	11.50	12.00
	18	2	17.00	18.50	15.50	16.00
	18	4	16.00	18.50	13.50	14.00
20		2	19.00	20.50	17.50	18.00
20		4	18.00	20.50	15.50	16.00
	22	3	20.00	22.50	18.50	19.00
	22	5	19.50	22.50	16.50	17.00
	22	8	18.00	23.00	13.00	14.00
24		3	22.50	24.50	20.50	21.00
24		5	21.50	24.50	18.50	19.00
24		8	20.00	25.00	15.00	16.00
	26	3	24.50	26.50	22.50	23.00
	26	5	23.50	26.50	20.50	21.00
	26	8	22.00	27.00	17.00	18.00
28		3	26.50	28.50	24.50	25.00
28		5	25.50	28.50	22.50	23.00
28		8	24.00	29.00	19.00	20.00
	30	3	28.50	30.50	26.50	27.00
	30	6	27.00	31.00	23.00	24.00
	30	10	25.00	31.00	19.00	20.00
32		3	30.50	32.50	28.50	29.00
32		6	29.00	33.00	25.00	26.00
32		10	27.00	33.00	21.00	22.00
	34	3	32.50	34.50	30.50	31.00
	34	6	31.00	35.00	27.00	28.00
	34	10	29.00	35.00	23.00	24.00
36		3	34.50	36.50	32.50	33.00
36		6	33.00	37.00	29.00	30.00
36		10	31.00	37.00	25.00	26.00
	38	3	36.50	38.50	34.50	35.00
	38	7	34.50	39.00	30.00	31.00
	38	10	33.50	39.00	27.00	28.00
40		3	38.50	40.50	36.50	37.00
40		7	36.50	41.00	32.00	33.00
40		10	35.00	41.00	29.00	30.00

附录 B 常用结构

表 B-1 普通螺纹收尾、肩距、退刀槽、倒角

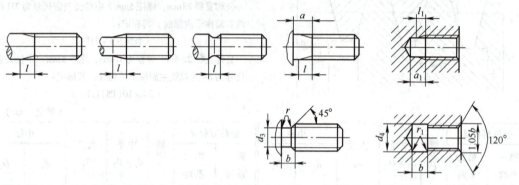

(单位：mm)

螺距 P	粗牙螺纹大径 d	外螺纹					倒角 C	内螺纹				
		螺纹收尾 $l \leqslant$	肩距 $a \leqslant$	退刀槽				螺纹收尾 $l_1 \leqslant$	肩距 $a_1 \leqslant$	退刀槽		
				b	r	d_3				b_1	r_1	d_4
0.2	—	0.5	0.6	—		—	0.2	0.8	1.2			
0.25	1、1.2	0.6	0.75	0.75		$d-0.4$		1.0	1.5			
0.3	1.4	0.75	0.9	0.9		$d-0.5$	0.3	1.2	1.8			—
0.35	1.6、1.8	0.9	1.05	1.05		$d-0.6$		1.4	2.2			
0.4	2	1	1.2	1.2		$d-0.7$	0.4	1.6	2.5			
0.45	2.2、2.5	1.1	1.35	1.35		$d-0.7$		1.8	2.8			
0.5	3	1.25	1.5	1.5		$d-0.8$	0.5	2	3	2		
0.6	3.5	1.5	1.8	1.8		$d-1$		2.4	3.2	2.4		
0.7	4	1.75	2.1	2.1		$d-1.1$	0.6	2.8	3.5	2.8		$d+0.3$
0.75	4.5	1.9	2.25	2.25		$d-1.2$		3	3.8	3		
0.8	5	2	2.4	2.4		$d-1.3$	0.8	3.2	4	3.2		
1	6.7	2.5	3	3		$d-1.6$	1	4	5	4		
1.25	8	3.2	4	3.75	$0.5P$	$d-2$	1.2	5	6	5	$0.5P$	
1.5	10	3.8	4.5	4.5		$d-2.3$	1.5	6	7	6		
1.75	12	4.3	5.3	5.25		$d-2.6$	2	7	9	7		
2	14、16	5	6	6		$d-3$		8	10	8		
2.5	18、20、22	6.3	7.5	7.5		$d-3.6$	2.5	10	12	10		
3	24、27	7.5	9	9		$d-4.4$		12	14	12		$d+0.5$
3.5	30、33	9	10.5	10.5		$d-5$	3	14	16	14		
4	36、39	10	12	12		$d-5.7$		16	18	16		
4.5	42、45	11	13.5	13.5		$d-6.4$	4	18	21	18		
5	48、53	12.5	15	15		$d-7$		20	23	20		
5.5	56、60	14	16.5	17.5		$d-7.7$	5	22	25	22		
6	64、66	15	18	18		$d-8.3$		24	28	24		

注：1. 本表只列入 l、a、b、l_1、a_1、b_1 的一般值。

2. 肩距 $a(a_1)$ 是螺纹收尾 $l(l_1)$ 扣螺纹空白的总长。

3. 外螺纹倒角和退刀槽过渡角一般按 45° 绘制，也可按 60° 或 30°。当螺纹按 60° 或 30° 绘制倒角时，倒角深度约等于螺纹深度。内螺纹倒角一般是 120° 锥角，也可以是 90° 锥角。

4. 细牙螺纹按本表螺距 P 选用。

表 B-2　砂轮越程槽

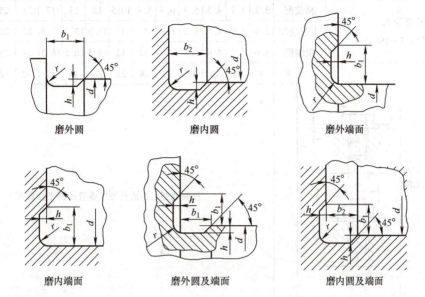

磨外圆　　　　　　磨内圆　　　　　　磨外端面

磨内端面　　　　磨外圆及端面　　　磨内圆及端面

（单位：mm）

b_1	0.6	1.0	1.6	2.0	3.0	4.0	5.0	8.0	10
b_2	2.0	3.0		4.0		5.0		8.0	10
h	0.1	0.2		0.3	0.4		0.6	0.8	1.2
r	0.2	0.5		0.8	1.0		1.6	2.0	3.0
d	<10			10~50		50~100		>100	

表 B-3　倒角、倒圆

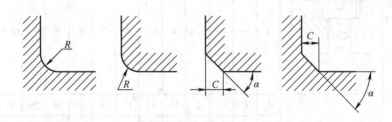

（单位：mm）

d 或 D	<3	3~6	6~10	10~18	18~30	30~50	50~80	80~120	120~180
C 或 R	0.2	0.4	0.6	0.8	1.0	1.6	2.0	2.5	3.0
d 或 D	180~250	250~320	320~400	400~500	500~630	630~800	800~1000	1000~1250	1250~1600
C 或 R	4.0	5.0	6.0	8.0	10	12	16	20	25

表 B-4 螺纹紧固件的通孔和沉孔 　　　　　　　　（单位：mm）

螺栓或螺钉直径 d		3	3.5	4	5	6	8	10	12	14	16	20	24	30	36
通孔直径 d_h (GB/T 5277—1985)	精装配	3.2	3.7	4.3	5.3	6.4	8.4	10.5	13	15	17	21	25	31	37
	中等装配	3.4	3.9	4.5	5.5	6.6	9	11	13.5	15.5	17.5	22	26	33	39
	粗装配	3.6	4.2	4.8	5.8	7	10	12	14.5	16.5	18.5	24	28	35	42

六角头螺栓和六角螺母用沉孔（GB/T 152.4—1988）		d_2	9	—	10	11	13	18	22	26	30	33	40	48	61	71
		t	只要能制出与通孔轴线垂直的圆平面即可													

沉头用沉孔（GB/T 152.2—2014）		d_2	6.4	8.4	9.6	10.6	12.8	17.6	20.3	24.4	28.4	32.4	40.4	—	—	—

开槽圆柱头用的圆柱头沉孔（GB/T 152.3—1988）		d_2	—	—	8	10	11	15	18	20	24	26	33	—	—	—
		t	—	—	3.2	4	4.7	6	7	8	9	10.5	12.5	—	—	—

内六角圆柱头用的圆柱头沉孔（GB/T 152.3—1988）		d_2	6	—	8	10	11	15	18	20	24	26	33	40	48	57
		t	3.4	—	4.6	5.7	6.8	9	11	13	15	17.5	21.5	25.5	32	38

附录 C　标准件

表 C-1　六角头螺栓

六角头螺栓(GB/T 5780—2016)　　　　　六角头螺栓　全螺纹(GB 5781—2016)

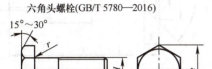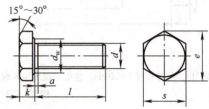

标记示例：

螺纹规格为 M12，公称长度 $l=80\text{mm}$，性能等级为 4.8 级，表面氧化，A 级的六角螺栓标记：

螺栓　GB/T 5780　M12×80

优选的螺纹规格

（单位：mm）

螺纹规格 d			M3	M4	M5	M6	M8	M10	M12	M16	M20	M24
螺距 P			0.5	0.7	0.8	1	1.25	1.5	1.75	2	2.5	3
s_{max}			5.5	7	8	10	13	16	18	24	30	36
$k_{公称}$			2	2.8	3.5	4	5.3	6.4	7.5	10	12.5	15
r_{min}			0.1	0.2	0.2	0.25	0.4	0.4	0.6	0.6	0.8	0.8
e_{min}	产品等级	A	6.1	7.65	8.79	11.5	14.38	17.77	20.03	26.75	33.53	39.98
		B	5.88	7.5	8.63	10.83	14.2	17.59	19.85	26.17	32.95	39.55
d_{wmin}	产品等级	A	4.57	5.88	6.88	8.88	11.63	14.63	16.63	22.49	28.19	33.61
		B	4.45	5.74	6.74	8.74	11.47	14.47	16.47	22	27.7	33.25
a	max		0.4	0.4	0.5	0.5	0.6	0.6	0.6	0.8	0.8	0.8
	min		0.15	0.15	0.15	0.15	0.15	0.15	0.15	0.2	0.2	0.2
$b_{参考}$	$l \leqslant 125$		12	14	16	18	22	26	30	38	46	54
	$125 < l \leqslant 200$		18	20	22	24	28	32	36	44	52	60
	$l > 200$		31	33	35	37	41	45	49	57	65	73
l	GB/T 5780		20~30	25~45	25~50	30~60	40~80	45~100	50~120	60~160	80~200	90~240
	GB/T 5781		6~30	8~40	10~50	12~60	16~80	20~120	25~120	30~200	40~200	50~200
$l_{系列}$				6，8，10，12，16，20，25，30，35，40，45，50，55，60，65，70，80，90，100，110，120，130，140，150，160，180，200，220，240，260，280，300，340，360，380，400，420，440，460，480，500								

表 C-2　开槽螺钉

开槽圆柱头螺钉(GB/T 65—2016)

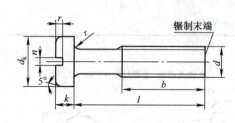

开槽沉头螺钉(GB/T 68—2016)

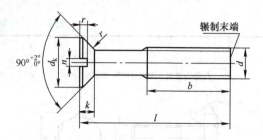

标记示例：

螺纹规格为 M5，公称长度 $l = 20\text{mm}$，性能等级为 4.8 级，表面不经处理的 A 级开槽圆柱头螺钉标记：

螺钉　GB/T 65　M5 × 20

（单位：mm）

螺纹规格 d		M1.6	M2	M2.5	M3	M4	M5	M6	M8	M10
GB/T 65	d_{kmax}	3	3.8	4.5	5.5	7	8.5	10	13	16
	k_{max}	1.1	1.4	1.8	2.0	2.6	3.3	3.9	5	6
	t_{min}	0.45	0.6	0.7	0.85	1.1	1.3	1.6	2	2.4
	r_{min}	0.1				0.2		0.25	0.4	
	l	2~16	3~20	3~25	4~30	5~40	6~50	8~60	10~80	12~80
GB/T 67	d_{kmax}	3.2	4	5	5.6	8	9.5	12	16	20
	k_{max}	1	1.3	1.5	1.8	2.4	3	3.6	4.8	6
	t_{min}	0.35	0.5	0.6	0.7	1	1.2	1.4	1.9	2.4
	r_{min}	0.1				0.2		0.25	0.4	
	l	2~16	2.5~20	3~25	4~30	5~40	6~50	8~60	10~80	12~80
GB/T 68	d_{kmax}	3	3.8	4.7	5.5	8.4	9.3	11.3	15.8	18.3
	k_{max}	1	1.2	1.5	1.65	2.7	2.7	3.3	4.65	5
	t_{min}	0.32	0.4	0.5	0.6	1	1.1	1.2	1.8	2
	r_{max}	0.4	0.5	0.6	0.8	1	1.3	1.5	2	2.5
	l	2.5~16	3~20	4~25	5~30	6~40	8~50	8~60	10~80	12~80
螺距 P		0.35	0.4	0.45	0.5	0.7	0.8	1	1.25	1.5
n		0.4	0.5	0.6	0.8	1.2	1.2	1.6	2	2.5
b		25				38				
$l_{系列}$		2, 2.5, 3, 4, 5, 6, 8, 10, 12, （14），16, 20, 25, 30, 35, 40, 45, 50,（55），60,（65），70,（75），80（GB/T 65 无 $l = 2.5$；GB/T 68 无 $l = 2$）								

注：1. 括号内规格尽可能不采用。

2. M1.6~M3 的螺钉，$l < 30\text{mm}$ 时，制出全螺纹；对于开槽圆柱头螺钉和开槽盘头螺钉，M4~M10 的螺钉，$l < 40\text{mm}$ 时，制出全螺纹；对于开槽沉头螺钉，M4~M10 的螺钉，$l < 45\text{mm}$ 时，制出全螺纹。

表 C-3　内六角圆柱头螺钉

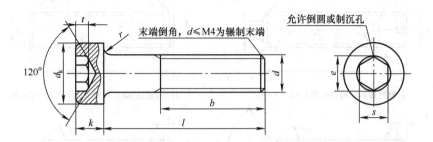

标记示例：

螺纹规格为 M5，公称长度 $l = 20mm$，性能等级为 8.8 级，表面氧化的 A 级内六角圆柱头螺钉标记：

螺钉　GB/T 70.1　M5×20

（单位：mm）

螺纹规格 d	M2.5	M3	M4	M5	M6	M8	M10	M12	M16	M20	M24	M30
螺距 P	0.45	0.5	0.7	0.8	1	1.25	1.5	1.75	2	2.5	3	3.5
d_{kmax}（光滑头部）	4.5	5.5	7	8.5	10	13	24	18	24	30	36	45
d_{kmax}（滚花头部）	4.68	5.68	7.22	8.72	10.22	13.27	24.33	18.27	24.33	30.33	36.39	45.39
d_{kmin}	4.32	5.32	6.78	8.28	9.78	12.73	15.73	23.67	23.67	29.67	35.61	44.61
k_{max}	2.5	3	4	5	6	8	10	16	16	20	24	30
k_{min}	2.36	2.86	3.82	4.82	5.7	7.64	9.64	15.57	15.57	19.48	23.48	29.48
t_{min}	1.1	1.3	2	2.5	3	4	5	6	8	10	12	15.5
r_{min}	0.1	0.1	0.2	0.2	0.25	0.4	0.4	0.6	0.6	0.8	0.8	1
$s_{公称}$	2	2.5	3	4	5	6	8	10	14	17	19	22
e_{min}	2.3	2.9	3.4	4.6	5.7	6.9	9.2	11.4	16	19	21.7	25.2
$b_{参考}$	17	18	20	22	24	28	32	36	44	52	60	72
公称长度 l	4~25	5~30	6~40	8~50	10~60	12~80	16~100	20~120	25~160	30~200	40~200	45~200
L 系列	2.5、3、4、5、6、8、10、12、16、20、25、30、35、40、45、50、55、60、65、70、80、90、100、110、120、130、140、150、160、180、200										

注：1. 括号内规格尽可能不采用。

　　2. M2.5~M3 的螺钉，$l < 20mm$ 时，制出全螺纹；M4~M5 的螺钉，$l < 25mm$ 时，制出全螺纹；M6 的螺钉，$l < 30mm$ 时，制出全螺纹；M8 的螺钉，$l < 35mm$ 时，制出全螺纹；M10 的螺钉，$l < 40mm$ 时，制出全螺纹；M12 的螺钉，$l < 50mm$ 时，制出全螺纹；M16 的螺钉，$l < 60mm$ 时，制出全螺纹。

表 C-4　开槽紧定螺钉

开槽锥端紧定螺钉(GB/T 71—2018)　　　开槽平端紧定螺钉(GB/T 73—2017)

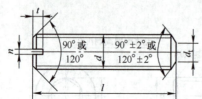
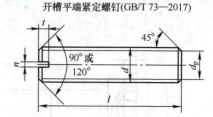

开槽凹端紧定螺钉(GB/T 74—2018)　　　开槽长圆柱端紧定螺钉(GB/T 75—2018)

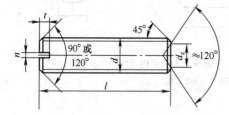
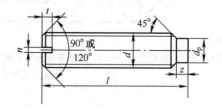

标记示例:

螺纹规格为 M5，公称长度 $l=12$mm，性能等级为 14H 级，表面氧化的 A 级开槽锥端紧定螺钉标记:

螺钉　GB/T 71　M5×20

（单位：mm）

螺纹规格 d		M1.6	M2	M2.5	M3	M4	M5	M6	M8	M10	M12
螺距 P		0.35	0.4	0.45	0.5	0.7	0.8	1	1.25	1.5	1.75
n		0.25	0.25	0.4	0.4	0.6	0.8	1	1.2	1.6	2
t		0.7	0.8	1	1.1	1.4	1.6	2	2.5	3	3.6
d_z		0.8	1	1.2	1.4	2	2.5	3	5	6	8
d_t		0.2	0.2	0.3	0.3	0.4	0.5	1.5	2	2.5	3
d_p		0.8	1	1.5	2	2.5	3.5	4	5.5	7	8.5
z		1.1	1.3	1.5	1.8	2.3	2.8	3.3	4.3	5.3	6.3
公称长度 l	GB/T 71	2~8	3~10	3~12	4~16	6~20	8~25	8~30	10~40	12~50	14~60
	GB/T 73	2~8	2~10	2.5~12	3~16	4~20	5~25	6~30	8~40	10~50	12~60
	GB/T 74	2~8	2.5~10	3~12	3~16	4~20	5~25	6~30	8~40	10~50	12~60
	GB/T 75	2.5~8	3~10	4~12	5~16	6~20	8~25	8~30	10~40	12~50	14~60
$l_{系列}$		2, 2.5, 3, 4, 5, 6, 8, 10, 12, 16, 20, 25, 30, 35, 40, 45, 50, 60									

表 C-5　双头螺柱

双头螺柱b_m=d(GB/T 897—1988)，双头螺柱b_m=1.25d(GB/T 898—1988)，
双头螺柱b_m=1.5d(GB/T 899—1988)，双头螺柱b_m=2d(GB/T 900—1988)

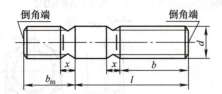
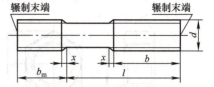

标记示例：

1. 两端为粗牙普通螺纹，$d=10$mm，$l=50$mm，性能等级为 4.8 级，B 型，$b_m=1d$ 的双头螺柱标记：

螺柱　GB/T 897　M10×50

2. 旋入一端为粗牙普通螺纹，旋螺母一端为螺距 $P=1$mm 的细牙普通螺纹，$d=10$mm，$l=50$mm，性能等级为 4.8 级，A 型，$b_m=2d$ 的双头螺柱标记：

螺柱　GB/T 900　AM10—M10×1×50

3. 旋入机体一端为过渡配合螺纹的第一种配合，旋螺母一端为粗牙普通螺纹，$d=10$mm，$l=50$mm，性能等级为 4.8 级，镀锌钝化，B 型，$b_m=1d$ 的双头螺柱标记：

螺柱　GB/T 897 GM10－M10×50－8.8－Zn·D

螺纹规格 d	b_m				l/b
	GB/T 897	GB/T 898	GB/T 899	GB/T 900	
M3			4.5	6	（16~20）/6、（22~40）/12
M4			6	8	（16~22）/8、（25~40）/14
M5	5	6	8	10	（16~22）/10、（25~50）/16
M6	6	8	10	12	（18~22）/10、（25~30）/14、（32~75）/18
M8	3	10	12	16	（18~22）/12、（25~30）/16、（32~90）/22
M10	10	12	15	20	（25~28）/14、（30~38）/16、（40~120）/30、130/32
M12	12	15	18	24	（25~30）/16、（32~40）/20、（45~120）/30、（130~180）/36
M16	16	20	24	32	（30~38）/20、（40~55）/30、（60~120）/38、（130~200）/44
M20	20	25	30	40	（35~40）/25、（45~65）/38、（70~120）/46、（130~200）/52
M24	24	30	36	48	（45~50）/30、（55~75）/45、（80~120）/54、（130~200）/60
M30	30	48	45	60	（60~65）/40、（70~90）/50、（95~120）/66、（130~200）/72、（210~250）/85
M36	36	45	54	72	（65~75）/45、（80~110）/60、120/78、（130~200）/84、（210~300）/91
M42	42	52	63	84	（70~80）/50、（85~110）/70、120/90、（130~200）/96、（210~300）/109
M48	48	60	72	96	（80~90）/60、（95~110）/80、120/102、（130~200）/108、（210~300）/121
$l_{系列}$	12，（14），16，（18），20，（22），25，（28），30，（32），35，（38），40，45，50，55，60，65，70，75，80，85，90，95，100，110，120，130，140，150，160，170，180，190，200，210，220，230，240，250，260，280，300				

表 C-6　六角螺母

1型六角螺母 C级(GB/T 41—2016)　　1型六角螺母(GB/T 6170—2015)　　六角薄螺母(GB/T 6172.1—2016)
C级　　　　　　　　　　　　　　　　A级和B级　　　　　　　　　　　　　　A级和B级

标记示例：

螺纹规格为 M12，性能等级为 5 级，不经表面处理、产品等级为 C 级的 1 型六角螺母的标记：

螺母　GB/T 41　M12

螺纹规格为 M12，性能等级为 10 级，不经表面处理、产品等级为 A 级的 1 型六角螺母的标记：

螺母　GB/T 6170　M12

螺纹规格为 M12，性能等级为 04 级，不经表面处理、产品等级为 A 级的六角薄螺母的标记：

螺母　GB/T 6172.1　M12

优选的螺纹规格　　　　　　　　　　　　　　（单位：mm）

螺纹规格 D			M3	M4	M5	M6	M8	M10	M12	M16	M20	M24	M30
螺距 P			0.5	0.7	0.8	1	1.25	1.5	1.75	2	2.5	3	3.5
θ_{min}	GB/T 41		—	—	8.63	10.89	14.20	17.59	19.85	26.17	32.95	39.55	50.85
	GB/T 6170		6.01	7.66	8.79	11.05	14.38	17.77	20.03	26.75			
	GB/T 6172.1												
s			5.5	7	8	10	13	16	18	24	30	36	46
m	GB/T 41	max	—	—	5.6	6.4	7.9	9.5	12.2	15.9	19	22.3	26.4
		min	—	—	4.4	4.9	6.4	8	10.4	14.1	16.9	20.2	24.3
	GB/T 6170	max	2.4	3.2	4.7	5.2	6.8	8.4	10.8	14.8	18	21.5	25.6
		min	2.15	2.9	4.4	4.99	6.44	8.04	10.37	14.1	16.9	20.2	24.3
	GB/T 6172.1	max	1.8	2.2	2.7	3.2	4	5	6	8	10	12	15
		min	1.55	1.95	2.45	2.9	3.7	4.7	5.7	7.42	9.1	10.9	13.9

注：1. A 级用于 $D \leqslant 16$mm；B 级用于 $D > 16$mm。

2. 对 GB/T 41 允许内倒角。

表 C-7　六角开槽螺母

1型六角开槽螺母(GB 6178—1986)
A和B级
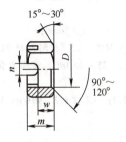

1型六角开槽螺母(GB/T 6179—1986)
C级

六角开槽薄螺母(GB 6181—1986)
A和B级
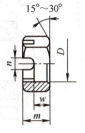

标记示例：

螺纹规格为 M5，性能等级为 8 级，不经表面处理，A 级 1 型六角开槽螺母标记：

螺母　GB/T 6178　M5

螺纹规格为 M5，性能等级为 04 级，不经表面处理，A 级的六角开槽薄螺母标记：

螺母　GB/T 6181　M5

(单位：mm)

螺纹规格 D		M4	M5	M6	M8	M10	M12	M16	M20	M24	M30	M36
n_{min}		1.2	1.4	2	2.5	2.8	3.5	4.5	4.5	5.5	7	7
e_{min}		7.7	8.8	11	14.4	17.8	20	26.8	33	39.6	50.9	60.8
s_{max}		7	8	10	13	16	18	24	30	36	46	55
m_{max}	GB/T 6178	5	6.7	7.7	9.8	12.4	15.8	20.8	24	29.5	34.6	40
	GB/T 6179	—	7.6	8.9	10.9	13.5	17.2	21.9	25	3.03	35.4	40.9
	GB/T 6181	—	5.1	5.7	7.5	9.3	12	16.4	20.3	23.9	28.6	34.7
W_{max}	GB/T 6178	3.2	4.7	5.2	6.8	8.4	10.8	14.8	18	21.5	25.6	31
	GB/T 6179	—	5.6	6.4	7.9	9.5	12.17	15.9	19	22.3	26.4	31.9
	GB/T 6181	—	3.1	3.5	4.5	5.3	7.0	10.4	14.3	15.9	19.6	25.7
开口销		1×10	1.2×12	1.6×14	2×16	2.5×20	3.2×22	4×28	4×36	5×40	6.3×50	6.3×6

注：A 级用于 $D \leqslant 16mm$ 的螺母；B 级用于 $D > 16mm$ 的螺母。

表 C-8　圆螺母

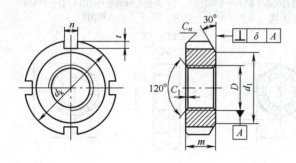

标记示例：

螺纹规格为 M16×1.5，材料为 45 钢，槽或全部热处理后硬度 35~45HRC，表面氧化的圆螺母标记：

螺母　GB/T 812　M16×1.5

（单位：mm）

D	d_k	d_1	m	n	t	C	C_1	D	d_k	d_1	m	n	t	C	C_1
M10×1	22	16	8	4	2	0.5		M64×2	95	84	12	8	3.5		
M12×1.25	25	19						M65×2 *	95	84					
M14×1.5	28	20						M68×2	100	88					
M16×1.5	30	22						M72×2	105	93					
M18×1.5	32	24						M75×2 *	105	93		10	4		
M20×1.5	35	27						M76×2	110	98	15				
M22×1.5	38	30		5	2.5			M80×2	115	103					
M24×1.5	42	34					0.5	M85×2	120	108					
M25×1.5	42	34						M90×2	125	112					
M27×1.5	45	37						M95×2	130	117		12	5	1.5	1
M30×1.5	48	40				1		M100×2	135	122	18				
M33×1.5	52	43	10					M105×2	140	127					
M35×1.5 *	52	43						M110×2	150	135					
M36×1.5	55	46						M115×2	155	140					
M39×1.5	58	49		6	3			M125×1	160	145		14	6		
M40×1.5 *	58	49						M125×2	165	150	22				
M42×1.5	62	53						M130×2	170	155					
M45×1.5	68	59						M140×2	180	165					
M48×1.5	72	61				1.5		M150×2	200	180	26				
M50×1.5 *	72	61						M160×3	210	190					
M52×1.5	78	67						M170×3	220	200		16	7		
M55×2 *	78	67	12	8	3.5			M180×3	230	210				2	1.5
M56×2	85	74					1	M190×3	240	220	30				
M60×2	90	79						M200×3	250	230					

注：1. 当 D≤M100×2 时，槽数为 4；D≥M105×2 时，槽数为 6。

2. 带 * 的螺纹规格仅用于滚动轴承锁紧装置。

表 C-9　平垫圈

平垫圈　A级(GB/T 97.1—2002)　　　　　　　　平垫圈　倒角型　A级(GB/T 97.2—2002)
大垫圈　A级和C级(GB/T 96—2002)
小垫圈　A级(GB/T 848—2002)

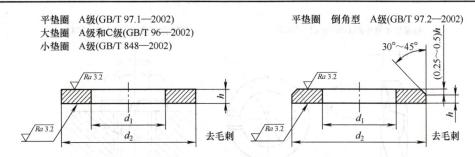

标记示例：

标准系列，螺纹规格为8mm，硬度等级为140HV级，倒角型，不经表面处理的平垫圈标记：

垫圈　GB/T 97.2　8 – 140HV

（单位：mm）

螺纹规格 d	标准系列 GB/T 97.1，GB/T 97.2			大系列 GB/T 96			小系列 GB/T 848		
	d_1	d_2	h	d_1	d_2	h	d_1	d_2	h
1.6	1.7	4	0.3	—	—	—	1.7	3.5	0.3
2	2.2	5		—	—	—	2.2	4.5	
2.5	2.7	6	0.5	—	—	—	2.7	5	0.5
3	3.2	7		3.2	9	0.8	3.2	6	
4	4.3	9	0.8	4.3	12	1	4.3	8	
5	5.3	10	1	5.3	15	1.2	5.3	9	1
6	6.4	12	1.6	6.4	18	1.6	6.4	11	1.6
8	8.4	16		8.4	24	2	8.4	15	
10	10.5	20	2	10.5	30	2.5	10.5	18	2
12	13	24	2.5	13	37	3	13	20	2.5
14	15	28		15	44		15	24	
16	17	30	3	17	50		17	28	3
20	21	37		21	60	4	21	34	
24	25	44	4	26	72	5	25	39	4
30	31	56		33	92	6	31	50	
36	37	66	5	39	110	8	37	60	5

注：1. GB/T 96 垫圈两端无表面粗糙度符号。

2. GB/T 848 垫圈主要用于带圆柱头的螺钉，其他用于标准的六角螺栓、螺钉和螺母。

3. 对于 GB/T 97.2 垫圈，d 的范围为 5～36mm。

表 C-10 弹簧垫圈

标准型弹簧垫圈(GB/T 94.1—2008)　　　　轻型弹簧垫圈(GB 859—1987)

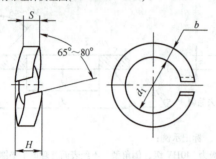 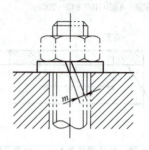

标记示例：

规格为16mm，材料为65Mn，表面氧化的标准型弹簧垫圈标记：

垫圈　GB/T 94.1　16

（单位：mm）

螺纹规格 d	d_1	S		H		b		$m \leqslant$	
		GB/T 94.1	GB/T 859	GB/T 94.1	GB/T 859	GB/T 94.1	GB/T 859	GB/T 94.1	GB/T 859
3	3.1	0.8	0.6	2	1.5	0.8	1	0.4	0.3
4	4.1	1.1	0.8	2.75	2	1.1	1.2	0.55	0.4
5	5.1	1.3	1.1	3.25	2.75	1.3	1.5	0.65	0.55
6	6.1	1.6	1.3	4	3.25	1.6	2	0.8	0.65
8	8.1	2.1	1.6	5.25	4	2.1	2.5	1.05	0.8
10	10.2	2.6	2	6.5	5	2.6	3	1.3	1
12	12.2	3.1	2.5	7.25	6.25	3.1	3.5	1.55	1.25
(14)	14.2	3.6	3	9	7.5	3.6	4	1.8	1.5
16	16.2	4.1	3.2	10.25	8	4.1	4.5	2.05	1.6
(18)	18.2	4.5	3.6	11.25	9	4.5	5	2.25	1.8
20	20.2	5	4	12.25	10	5	5.5	2.5	2
(22)	22.5	5.5	4.5	13.75	11.25	5.5	6	2.75	2.25
24	24.5	6	5	15	12.5	6	7	3	2.5
(27)	27.5	6.8	5.5	17	13.75	6.8	8	3.4	2.75
30	30.5	7.5	6	18	15	7.5	9	3.75	3

注：1. 括号内规格尽可能不采用。

　　2. m 应大于 0。

表 C-11 圆螺母用止动垫圈

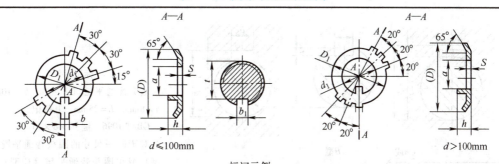

$A—A$ $d \leqslant 100mm$ $A—A$ $d > 100mm$

标记示例:

规格为16mm、材料为Q235A、经退火、表面氧化的圆螺母用止动垫圈标记:

垫圈 GB/T 858 16

(单位: mm)

螺纹规格 d	d_1	(D)	D_1	S	b	a	h	轴端 b_1	轴端 t	螺纹规格 d	d_1	(D)	D_1	S	b	a	h	轴端 b_1	轴端 t
14	14.5	32	20		3.8	11		4	10	55 *	56	82	67			52			—
16	16.5	34	22			13	3		12	56	57	90	74			53			52
18	18.5	35	24			15			14	60	61	94	79	7.7	57				56
20	20.5	38	27			17			16	64	65	100	84			61	6	8	60
22	22.5	42	30	1		19	4		18	65 *	66	100	84			62			—
24	24.5	45	34		4.8	21			20	68	69	105	88	2		65			64
25 *	25.5	45	34			22	5		—	72	73	110	93			69			68
27	27.5	48	37			24			23	75 *	76	110	93		9.6	71			—
30	30.5	52	40			27			26	76	77	115	98			72		10	70
33	33.5	56	43			30			29	80	81	120	103			76			74
35 *	35.5	56	43			32			—	85	86	125	108			81			79
36	36.5	60	46			33			32	90	91	130	1112			86			84
39	39.5	62	49		5.7	36	5		35	95	96	135	117		12	91	7	12	89
40 *	40.5	62	49			37			—	100	101	140	122			96			94
42	42.5	66	53	1.5		39			38	105	106	145	127	2		101			99
45	45.5	72	59			42			41	110	111	156	135			106			104
48	48.5	76	61			45			44	115	116	160	140		14	111		14	109
50 *	50.5	76	61		7.7	47	8		—	120	121	166	145			116			114
52	52.5	82	67			49	6		48	125	126	170	150			121			119

注: 标有 * 者仅用于滚动轴承锁紧装置。

表 C-12　平键

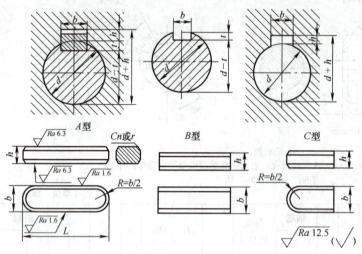

标记示例:

圆头普通平键（A 型），$b = 10$mm,

$h = 8$mm，$L = 25$mm，其标记:

GB/T 1096　键 $10 \times 8 \times 25$

对于同一尺寸的圆头普通平键（B 型）或单圆头普通平键（C 型），其标记:

GB/T 1096　键 $B10 \times 8 \times 25$

GB/T 1096　键 $C10 \times 8 \times 25$

轴	键	键槽									
		宽度 b						深度			半径 r
			极限偏差					轴 t		毂 t_1	
公称直径 d	公称尺寸 $b \times h$	公称	松连接		正常连接		紧密连接				
			轴 H9	毂 D10	轴 N9	毂 JS9	轴和毂 P9	公称	偏差	公称	偏差	
>6~8	2×2	2	+0.025 0	+0.060 +0.020	−0.004 −0.029	±0.0125	−0.006 −0.031	1.2	+0.1 0	1	+0.1 0	0.08 ~ 0.16
>8~10	3×3	3						1.8		1.4		
>10~12	4×4	4	+0.030 0	+0.078 +0.030	0 −0.030	±0.015	−0.012 −0.042	2.5		1.8		
>12~17	5×5	5						3.0		2.3		
>17~22	6×6	6						3.5		2.8		
>22~30	8×7	8	+0.036 0	+0.098 +0.040	0 −0.036	±0.018	−0.015 −0.051	4.0	+0.2 0	3.3	+0.2 0	0.16 ~ 0.25
>30~38	10×8	10						5.0		3.3		
>38~44	12×8	12	+0.043 0	+0.120 +0.050	0 −0.043	±0.0215	−0.018 −0.061	5.0		3.3		
>44~50	14×9	14						5.5		3.8		0.25 ~ 0.40
>50~58	16×10	16						6.0		4.3		
>58~65	18×11	18						7.0		4.4		
>65~75	20×12	20	+0.052 0	+0.149 +0.065	0 −0.052	±0.026	−0.022 −0.074	7.5		4.9		
>75~85	22×14	22						9.0		5.4		0.40 ~ 0.60
>85~95	25×14	25						9.0		5.4		
>95~110	28×16	28						10.0		6.4		

注: 1. 在工作图中，轴槽深用 $d-t$ 或 t 标注，轮毂槽深用 $d+t_1$ 标注。($d-t$) 和 ($d+t_1$) 尺寸偏差按相应的 t 和 t_1 的极限偏差选取，但 ($d-t$) 极限偏差取负号 (−)。

2. L 系列: 6, 8, 10, 12, 14, 16, 18, 20, 22, 25, 28, 32, 36, 40, 45, 50, 56, 63, 70, 80, 90, 100, 110, 125, 140, 160, 180, 200, 220, 250, 280, 320, 330, 400, 450。

表 C-13　半圆键

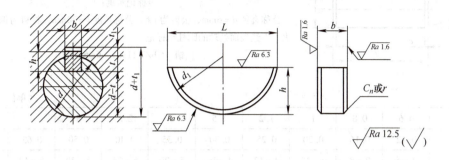

标记示例：

半圆键　$b = 6\text{mm}$，$h = 10\text{mm}$，$d_1 = 25\text{mm}$，其标记：

GB/T 1099.1　键 $6 \times 10 \times 25$　　　　　　　　　　　　（单位：mm）

轴径 d		键		键槽							
				宽度 b 极限偏差			深度				
				一般键连接		较紧键连接	轴 t		毂 t_1		
传递转矩用	定位用	公称尺寸 $b \times h \times d_1$	长度 $L \approx$	轴 N9	毂 JS9	轴和毂 P9	公称尺寸	极限偏差	公称尺寸	极限偏差	半径 r
>3~4	>3~4	$1.0 \times 1.4 \times 4$	3.9	−0.004 −0.029	±0.012	−0.006 −0.031	1.0	+0.1 0	0.6	+0.1 0	0.08~ 0.16
>4~5	>4~6	$1.5 \times 2.6 \times 7$	6.8				2.0		0.8		
>5~6	>6~8	$2.0 \times 2.6 \times 7$	6.8				1.8		1.0		
>6~7	>8~10	$2.0 \times 3.7 \times 10$	9.7				2.9		1.0		
>7~8	>10~12	$2.5 \times 3.7 \times 10$	9.7				2.7		1.2		
>8~10	>12~15	$3.0 \times 5.0 \times 13$	12.7				3.8		1.4		
>10~12	>15~18	$3.0 \times 6.5 \times 16$	15.7				5.3		1.4		
>12~14	>18~20	$4.0 \times 6.5 \times 16$	15.7	0 −0.030	±0.015	−0.012 −0.042	5.0	+0.2 0	1.8		
>14~16	>20~22	$4.0 \times 7.5 \times 19$	18.6				6.0		1.8		0.16~ 0.25
>16~18	>22~25	$5.0 \times 6.5 \times 16$	15.7				4.5		2.3		
>18~20	>25~28	$5.0 \times 7.5 \times 19$	18.6				5.5		2.3		
>20~22	>28~32	$5.0 \times 9.0 \times 22$	21.6				7.0		2.3		
>22~25	>32~36	$6.0 \times 9.0 \times 22$	21.6				6.5		2.8		
>25~28	>36~40	$6.0 \times 10.0 \times 25$	24.5				7.5	+0.3 0	2.8	+0.2 0	0.25~ 0.40
>28~32	40	$8.0 \times 11.0 \times 28$	27.4	0 −0.036	±0.018	−0.015 −0.051	8.5		3.3		
>32~38	—	$10.0 \times 13.0 \times 32$	31.4				10.0		3.3		

注：在工作图中，轴槽深用 $d-t$ 或 t 标注，轮毂槽深用 $d+t_1$ 标注。$(d-t)$ 和 $(d+t_1)$ 尺寸偏差按相应的 t 和 t_1 的极限偏差选取，但 $(d-t)$ 极限偏差取负号（−）。

表 C-14　圆柱销

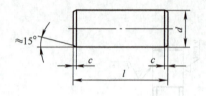

标记示例：

公称直径 $d = 6$mm，公差为 m6，公称长度 $l = 30$mm，材料为钢，不经淬火，不经表面处理的圆柱销标记：

销　GB/T 119.1　6m6×30

（单位：mm）

d	0.6	0.8	1	1.2	1.5	2	2.5	3	4	5
$c \approx$	0.12	0.16	0.20	0.25	0.30	0.35	0.40	0.50	0.63	0.80
l	2～6	2～8	4～10	4～12	4～16	5～20	5～24	6～30	6～40	10～50
d	6	8	10	12	16	20	25	30	40	50
$c \approx$	1.2	1.6	2.0	2.5	3.0	3.5	4.0	5.0	6.3	8.0
l	12～60	14～80	18～95	22～140	26～180	35～200	50～200	60～200	80～200	95～200
l 系列	2, 3, 4, 5, 6, 8, 10, 12, 14, 16, 18, 20, 22, 24, 26, 28, 30, 32, 35, 40, 45, 50, 55, 60, 65, 70, 75, 80, 85, 90, 95, 100, 120, 140, 160, 180, 200									

注：1. 销的材料为不淬硬钢和奥氏体不锈钢。

2. 公称长度大于 200mm，按 20mm 递增。

3. 表面粗糙度：公差为 m6 时，$Ra \leqslant 0.8\mu$m；公差为 h8 时，$Ra \leqslant 1.6\mu$m。

表 C-15　圆锥销

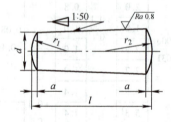

$$r_1 = d; \quad r_2 \approx \frac{a}{2} + d + \frac{(0.021)^2}{8a}$$

标记示例：

公称直径 $d = 6$mm，公称长度 $l = 30$mm，材料为 35 钢，热处理硬度 28～38HRC，表面氧化处理的 A 型圆锥销的标记：

销　GB/T 117　6×30

（单位：mm）

d	0.6	0.8	1	1.2	1.5	2	2.5	3	4	5
$a \approx$	0.08	0.1	0.12	0.16	0.2	0.25	0.3	0.4	0.5	0.63
l	4～8	5～12	6～16	6～20	8～24	10～35	10～35	12～45	14～60	22～90
d	6	8	10	12	16	20	25	30	40	50
$a \approx$	0.8	1	1.2	1.6	2	2.5	3	4	5	6.3
l	22～90	22～120	26～160	32～180	40～200	45～200	50～200	55～200	60～200	65～200
l 系列	2, 3, 4, 5, 6, 8, 10, 12, 14, 16, 18, 20, 22, 24, 26, 28, 30, 32, 35, 40, 45, 50, 55, 60, 65, 70, 75, 80, 85, 90, 95, 100, 120, 140, 160, 180, 200									

注：1. 销的材料为 35、45、Y12、Y15、30CrMnSiA 以及 1Cr13、2Cr13 等。

2. 公称长度大于 200mm 时，按 20mm 递增。

表 C-16　深沟球轴承

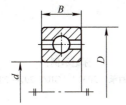

标记示例：

滚动轴承　6210　GB/T 276—2013

轴承代号	尺寸/mm			轴承代号	尺寸/mm		
	d	D	B		d	D	B
10 系列				03 系列			
6000	10	26	8	6300	10	35	11
6001	12	28	8	6301	12	37	12
6002	15	32	9	6302	15	42	13
6003	17	35	10	6303	17	47	14
6004	20	42	12	6304	20	52	15
6005	25	47	12	6305	25	62	17
6006	30	55	13	6306	30	72	19
6007	35	62	14	6307	35	80	21
6008	40	68	15	6308	40	90	23
6009	45	75	16	6309	45	100	25
6010	50	80	16	6310	50	110	27
6011	55	90	18	6311	55	120	29
6012	60	95	18	6312	60	130	31
02 系列				04 系列			
6200	10	30	9	6403	17	62	17
6201	12	32	10	6404	20	72	19
6202	15	35	11	6405	25	80	21
6203	17	40	12	6406	30	90	23
6204	20	47	14	6407	35	100	25
6205	25	52	15	6408	40	110	27
6206	30	62	16	6409	45	120	29
6207	35	72	17	6410	50	130	31
6208	40	80	18	6411	55	140	33
6209	45	85	19	6412	60	150	35
6210	50	90	20	6413	65	160	37
6211	55	100	21	6414	70	180	42
6212	60	110	22	6415	75	190	45

表 C-17　圆锥滚子轴承

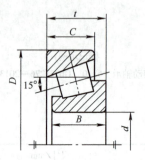

标记示例：

滚动轴承　30312　GB/T 297—2015

轴承代号	尺寸/mm					轴承代号	尺寸/mm				
	d	D	t	B	C		d	D	t	B	C
02 系列						13 系列					
30202	15	35	11.75	11	10	31305	25	62	18.25	17	13
30203	17	40	13.25	12	11	31306	30	72	20.75	19	14
30204	20	47	15.25	14	12	31307	35	80	22.75	21	15
30205	25	52	16.25	15	13	31308	40	90	25.25	23	17
30206	30	62	17.25	16	14	31309	45	100	27.25	25	18
30207	35	72	18.25	17	15	31310	50	110	29.25	27	19
30208	40	80	19.75	18	16	31311	55	120	31.5	29	21
30209	45	85	20.75	19	16	31312	60	130	33.5	31	22
30210	50	90	21.75	30	17	31313	65	140	36	33	23
30211	55	100	22.75	21	18	31314	70	150	38	35	25
30212	60	110	23.75	22	19	31315	75	160	40	37	26
30213	65	120	24.75	23	20	31316	80	170	42.5	39	27
03 系列						20 系列					
30302	15	42	14.25	13	11	32004	20	42	15	15	12
30303	17	47	15.25	14	12	32005	25	47	15	15	11.5
30304	20	52	16.25	15	13	32006	30	55	17	17	13
30305	25	62	18.25	17	15	32007	35	62	18	18	14
30306	30	72	20.75	19	16	32008	40	68	19	19	14.5
30307	35	80	22.75	21	18	32009	45	75	20	20	15.5
30308	40	90	25.75	23	20	32010	50	80	20	20	15.5
30309	45	100	27.25	25	22	32011	55	90	23	23	17.5
30310	50	110	29.25	27	23	32012	60	95	23	23	17.5
30311	55	120	31.5	29	25	32013	65	100	23	23	17.5
30312	60	130	33.5	31	26	32014	70	110	25	25	19
30313	65	140	36	33	28	32015	75	115	25	25	19

表 C-18　推力球轴承

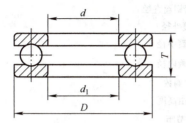

轴承代号	尺寸/mm				轴承代号	尺寸/mm			
	d	d_{min}	D	T		d	d_{min}	D	T
11 系列					13 系列				
51100	10	11	24	9	51304	20	22	47	18
51101	12	13	26	9	51305	25	27	52	18
51102	15	16	28	9	51306	30	32	60	21
51103	17	18	30	9	51307	35	37	68	24
51104	20	21	35	10	51308	40	42	78	26
51105	25	26	42	11	51309	45	47	85	28
51106	30	32	47	11	51310	50	52	95	31
51107	35	37	52	12	51311	55	57	105	35
51108	40	42	60	13	51312	60	62	110	35
51109	45	47	65	14	51313	65	67	115	36
51110	50	52	70	14	51314	70	72	125	40
51111	55	57	78	16	51315	75	77	135	44
51112	60	62	85	17	51316	80	82	140	44
12 系列					14 系列				
51200	10	12	26	11	51405	25	27	60	24
51201	12	14	28	11	51406	30	32	70	28
51202	15	17	32	12	51407	35	37	80	32
51203	17	19	35	12	51408	40	42	90	36
51204	20	22	40	14	51409	45	47	100	39
51205	25	27	47	15	51410	50	52	110	43
51206	30	32	52	16	51411	55	57	120	48
51207	35	37	62	18	51412	60	62	130	51
51208	40	42	68	19	51413	65	67	140	56
51209	45	47	73	20	51414	70	72	150	60
51210	50	52	78	22	51415	75	77	160	65
51211	55	57	90	25	51416	80	82	170	68
51212	60	62	95	26	51417	85	88	180	72

表 C-19 普通圆柱螺旋压缩弹簧尺寸系列

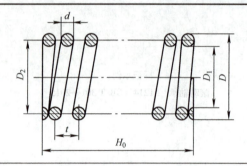

d——弹簧钢丝直径

D——弹簧外径

D_2——弹簧中径

D_1——弹簧内径

n——有效圈数

H_0——自由高度

t——弹簧节距

弹簧钢丝直径 d 系列	
第一系列	第二系列
0.1, 0.12, 0.14, 0.16, 0.2, 0.25, 0.3, 0.35, 0.4, 0.45, 0.5, 0.6, 0.7, 0.8, 0.9, 1, 1.2, 1.6, 2, 2.5, 3, 3.5, 4, 4.5, 5, 6, 8, 10, 12, 16, 20, 25, 30, 35, 40, 45, 50, 60, 70, 80	0.08, 0.09, 0.18, 0.22, 0.28, 0.32, 0.55, 0.65, 1.4, 1.8, 2.2, 2.8, 3.2, 5.5, 6.5, 7, 9, 11, 14, 18, 22, 28, 32, 38, 42, 55, 65

弹簧中径 D_2 系列
0.4, 0.5, 0.6, 0.7, 0.8, 0.9, 1, 1.2, 1.6, 1.8, 2, 2.2, 2.5, 2.8, 3, 3.2, 3.5, 3.8, 4, 4.2, 4.5, 4.8, 5, 5.5, 6, 6.5, 7, 7.5, 8, 8.5, 9, 10, 12, 14, 16, 18, 20, 22, 25, 28, 30, 32, 38, 42, 45, 48, 50, 52, 55, 58, 60, 65, 70, 75, 80, 85, 90, 95, 100, 105, 110, 115, 120, 125, 130, 135, 140, 145, 150, 160, 170, 180, 190, 200, 210, 220, 230, 240, 250, 260, 270, 280, 290, 300, 320, 340, 360, 380, 400, 450, 500, 550, 600, 650, 700

压缩弹簧的有效圈数 n 系列
2, 2.25, 2.5, 2.75, 3, 3.25, 3.5, 3.75, 4, 4.25, 4.5, 4.75, 5, 5.5, 6, 6.5, 7, 7.5, 8, 8.5, 9, 9.5, 10, 10.5, 11.5, 12.5, 13.5, 14.5, 15, 16, 18, 20, 22, 25, 28, 30

压缩弹簧自由高度 H_0 系列
5, 6, 7, 8, 9, 10, 12, 14, 16, 18, 22, 25, 28, 30, 32, 35, 38, 40, 42, 45, 48, 50, 52, 55, 58, 60, 65, 70, 75, 80, 85, 90, 95, 100, 105, 110, 115, 120, 130, 140, 150, 160, 170, 180, 190, 200, 220, 240, 260, 280, 300, 320, 340, 360, 380, 400, 420, 450, 480, 500, 520, 550, 580, 600, 620, 650, 680, 700, 720, 750, 780, 800, 850, 900, 950, 1000

注：优先采用第一系列。

附录 D 技术要求

表 D-1 表面粗糙度

$Ra/\mu m$	表面粗糙度取样长度 lr/mm	表面粗糙度评定长度 ln/mm
≥0.006 ~ 0.02	0.08	0.4
>0.02 ~ 0.1	0.25	1.25
>0.1 ~ 2	0.8	4
>2 ~ 10	2.5	12.5
>10 ~ 80	8	40

表 D-2 标准公差数值（摘自 GB/T 1800.1—2020）

公称尺寸 mm		标 准 公 差 等 级																		
		IT1	IT2	IT3	IT4	IT5	IT6	IT7	IT8	IT9	IT10	IT11	IT12	IT13	IT14	IT15	IT16	IT17	IT18
大于	至	标 准 公 差 数 值																	
		μm											mm						
—	3	0.8	1.2	2	3	4	6	10	14	25	40	60	0.1	0.14	0.25	0.4	0.6	1	1.4
3	6	1	1.5	2.5	4	5	8	12	18	30	48	75	0.12	0.18	0.3	0.48	0.75	1.2	1.8
6	10	1	1.5	2.5	4	6	9	15	22	36	58	90	0.15	0.22	0.36	0.58	0.9	1.5	2.2
10	18	1.2	2	3	5	8	11	18	27	43	70	110	0.18	0.27	0.43	0.7	1.1	1.8	2.7
18	30	1.5	2.5	4	6	9	13	21	33	52	84	130	0.21	0.33	0.52	0.84	1.3	2.1	3.3
30	50	1.5	2.5	4	7	11	16	25	39	62	100	160	0.25	0.39	0.62	1	1.6	2.5	3.9
50	80	2	3	5	8	13	19	30	46	74	120	190	0.3	0.46	0.74	1.2	1.9	3	4.6
80	120	2.5	4	6	10	15	22	35	54	87	140	220	0.35	0.54	0.87	1.4	2.2	3.5	5.4
120	180	3.5	5	8	12	18	25	40	63	100	160	250	0.4	0.63	1	1.6	2.5	4	6.3
180	250	4.5	7	10	14	20	29	46	72	115	185	290	0.46	0.72	1.15	1.85	2.9	4.6	7.2
250	315	6	8	12	16	23	32	52	81	130	210	320	0.52	0.81	1.3	2.1	3.2	5.2	8.1
315	400	7	9	13	18	25	36	57	89	140	230	360	0.57	0.89	1.4	2.3	3.6	5.7	8.9
400	500	8	10	15	20	27	40	63	97	155	250	400	0.63	0.97	1.55	2.5	4	6.3	9.7
500	630	9	11	16	22	32	44	70	110	175	280	440	0.7	1.1	1.75	2.8	4.4	7	11
630	800	10	13	18	25	36	50	80	125	200	320	500	0.8	1.25	2	3.2	5	8	12.5
800	1000	11	15	21	28	40	56	90	140	230	360	560	0.9	1.4	2.3	3.6	5.6	9	14
1000	1250	13	18	24	33	47	66	105	165	260	420	660	1.05	1.65	2.6	4.2	6.6	10.5	16.5
1250	1600	15	21	29	39	55	78	125	195	310	500	780	1.25	1.95	3.1	5	7.8	12.5	19.5
1600	2000	18	25	35	46	65	92	150	230	370	600	920	1.5	2.3	3.7	6	9.2	15	23
2000	2500	22	30	41	55	78	110	175	280	440	700	1100	1.75	2.8	4.4	7	11	17.5	28
2500	3150	26	36	50	68	96	135	210	330	540	860	1350	2.1	3.3	5.4	8.6	13.5	21	33

表 D-3　轴的基本偏差

公称尺寸 mm		上 极 限 偏 差, es 所 有 标 准 公 差 等 级											js	基 本 偏 IT5 和 IT6	IT7	IT8
大于	至	a	b	c	cd	d	e	ef	f	fg	g	h	js	j		
—	3	-270	-140	-60	-34	-20	-14	-10	-6	-4	-2	0		-2	-4	-6
3	6	-270	-140	-70	-46	-30	-20	-14	-10	-6	-4	0		-2	-4	—
6	10	-280	-150	-80	-56	-40	-25	-18	-13	-8	-5	0		-2	-5	—
10	14	-290	-150	-95	-70	-50	-32	-23	-16	-10	-6	0		-3	-6	—
14	18	-290	-150	-95	-70	-50	-32	-23	-16	-10	-6	0		-3	-6	—
18	24	-300	-160	-110	-85	-65	-40	-25	-20	-12	-7	0		-4	-8	—
24	30	-300	-160	-110	-85	-65	-40	-25	-20	-12	-7	0		-4	-8	—
30	40	-310	-170	-120	-100	-80	-50	-35	-25	-15	-9	0		-5	-10	—
40	50	-320	-180	-130	-100	-80	-50	-35	-25	-15	-9	0		-5	-10	—
50	65	-340	-190	-140	—	-100	-60	—	-30	—	-10	0		-7	-12	—
65	80	-360	-200	-150	—	-100	-60	—	-30	—	-10	0		-7	-12	—
80	100	-380	-220	-170	—	-120	-72	—	-36	—	-12	0		-9	-15	—
100	120	-410	-240	-180	—	-120	-72	—	-36	—	-12	0		-9	-15	—
120	140	-460	-260	-200	—	-145	-85	—	-43	—	-14	0		-11	-18	—
140	160	-520	-280	-210	—	-145	-85	—	-43	—	-14	0		-11	-18	—
160	180	-580	-310	-230	—	-145	-85	—	-43	—	-14	0		-11	-18	—
180	200	-660	-340	-240	—	-170	-100	—	-50	—	-15	0		-13	-21	—
200	225	-740	-380	-260	—	-170	-100	—	-50	—	-15	0		-13	-21	—
225	250	-820	-420	-280	—	-170	-100	—	-50	—	-15	0		-13	-21	—
250	280	-920	-480	-300	—	-190	-110	—	-56	—	-17	0		-16	-26	—
280	315	-1050	-540	-330	—	-190	-110	—	-56	—	-17	0		-16	-26	—
315	355	-1200	-600	-360	—	-210	-125	—	-62	—	-18	0		-18	-28	—
355	400	-1350	-680	-400	—	-210	-125	—	-62	—	-18	0		-18	-28	—
400	450	-1500	-760	-440	—	-230	-135	—	-68	—	-20	0		-20	-32	—
450	500	-1650	-840	-480	—	-230	-135	—	-68	—	-20	0		-20	-32	—

js 列：偏差=±ITn/2，式中 n 是标准公差等级数

数值（摘自 GB/T 1800.1—2020）　　　　　　　　　　　　　　　（基本偏差单位为 μm）

差　　数　　值

下 极 限 偏 差, ei

IT4 至 IT7	≤IT3 >IT7	所有标准公差等级													
k		m	n	p	r	s	t	u	v	x	y	z	za	zb	zc
0	0	+2	+4	+6	+10	+14	—	+18	—	+20	—	+26	+32	+40	+60
+1	0	+4	+8	+12	+15	+19	—	+23	—	+28	—	+35	+42	+50	+80
+1	0	+6	+10	+15	+19	+23	—	+28	—	+34	—	+42	+52	+67	+97
+1	0	+7	+12	+18	+23	+28	—	+33	—	+40	—	+50	+64	+90	+130
									+39	+45	—	+60	+77	+108	+150
+2	0	+8	+15	+22	+28	+35	—	+41	+47	+54	+63	+73	+98	+136	+188
							+41	+48	+55	+64	+75	+88	+118	+160	+218
+2	0	+9	+17	+26	+34	+43	+48	+60	+68	+80	+94	+112	+148	+200	+274
							+54	+70	+81	+97	+114	+136	+180	+242	+325
+2	0	+11	+20	+32	+41	+53	+66	+87	+102	+122	+144	+172	+226	+300	+405
					+43	+59	+75	+102	+120	+146	+174	+210	+274	+360	+480
+3	0	+13	+23	+37	+51	+71	+91	+124	+146	+178	+214	+258	+335	+445	+585
					+54	+79	+104	+144	+172	+210	+254	+310	+400	+525	+690
+3	0	+15	+27	+43	+63	+92	+122	+170	+202	+248	+300	+365	+470	+620	+800
					+65	+100	+134	+190	+228	+280	+340	+415	+535	+700	+900
					+68	+108	+146	+210	+252	+310	+380	+465	+600	+780	+1000
+4	0	+17	+31	+50	+77	+122	+166	+236	+284	+350	+425	+520	+670	+880	+1150
					+80	+130	+180	+258	+310	+385	+470	+575	+740	+960	+1250
					+84	+140	+196	+284	+340	+425	+520	+640	+820	+1050	+1350
+4	0	+20	+34	+56	+94	+158	+218	+315	+385	+475	+580	+710	+920	+1200	+1550
					+98	+170	+240	+350	+425	+525	+650	+790	+1000	+1300	+1700
+4	0	+21	+37	+62	+108	+190	+268	+390	+475	+590	+730	+900	+1150	+1500	+1900
					+114	+208	+294	+435	+530	+660	+820	+1000	+1300	+1650	+2100
+5	0	+23	+40	+68	+126	+232	+330	+490	+595	+740	+920	+1100	+1450	+1850	+2400
					+132	+252	+360	+540	+660	+820	+1000	+1250	+1600	+2100	+2600

基　本　偏

公称尺寸 mm		下　极　限　偏　差，EI												IT6	IT7	IT8	≤IT8	>IT8	≤IT8	>IT8
		所 有 标 准 公 差 等 级																		
大于	至	A	B	C	CD	D	E	EF	F	FG	G	H	JS	J			K		M	
—	3	+270	+140	+60	+34	+20	+14	+10	+6	+4	+2	0		+2	+4	+6	0	0	-2	-2
3	6	+270	+140	+70	+46	+30	+20	+14	+10	+6	+4	0		+5	+6	+10	-1+Δ	—	-4+Δ	-4
6	10	+280	+150	+80	+56	+40	+25	+18	+13	+8	+5	0		+5	+8	+12	-1+Δ	—	-6+Δ	-6
10	14	+290	+150	+95	+70	+50	+32	+23	+16	+10	+6	0		+6	+10	+15	-1+Δ	—	-7+Δ	-7
14	18																			
18	24	+300	+160	+110	+85	+65	+40	+28	+20	+12	+7	0		+8	+12	+20	-2+Δ	—	-8+Δ	-8
24	30																			
30	40	+310	+170	+120	+100	+80	+50	+35	+25	+15	+9	0		+10	+14	+24	-2+Δ	—	-9+Δ	-9
40	50	+320	+180	+130																
50	65	+340	+190	+140	—	+100	+60	—	+30	—	+10	0		+13	+18	+28	-2+Δ	—	-11+Δ	-11
65	80	+360	+200	+150																
80	100	+380	+220	+170	—	+120	+72	—	+36	—	+12	0		+16	+22	+34	-3+Δ	—	-13+Δ	-13
100	120	+410	+240	+180																
120	140	+460	+260	+200	—	+145	+85	—	+43	—	+14	0		+18	+26	+41	-3+Δ	—	-15+Δ	-15
140	160	+520	+280	+210																
160	180	+580	+310	+230																
180	200	+660	+340	+240	—	+170	+100	—	+50	—	+15	0		+22	+30	+47	-4+Δ	—	-17+Δ	-17
200	225	+740	+380	+260																
225	250	+820	+420	+280																
250	280	+920	+480	+300	—	+190	+110	—	+56	—	+17	0		+25	+36	+55	-4+Δ	—	-20+Δ	-20
280	315	+1050	+540	+330																
315	355	+1200	+600	+360	—	+210	+125	—	+62	—	+18	0		+29	+39	+60	-4+Δ	—	-21+Δ	-21
355	400	+1350	+680	+400																
400	450	+1500	+760	+440	—	+230	+135	—	+68	—	+20	0		+33	+43	+66	-5+Δ	—	-23+Δ	-23
450	500	+1650	+840	+480																

偏差＝±ITn/2，式中 n 为标准公差等级数

数值（摘自 GB/T 1800.1—2020）　　　　　　　　　　　　　　（基本偏差和 Δ 值的单位为 μm）

差 数 值															Δ 值					
上 极 限 偏 差，ES																				
≤IT8	>IT8	≤IT7	IT7 的标准公差等级												标准公差等级					
N	N	P至ZC	P	R	S	T	U	V	X	Y	Z	ZA	ZB	ZC	IT3	IT4	IT5	IT6	IT7	IT8
-4	-4		-6	-10	-14	—	-18	—	-20	—	-26	-32	-40	-60	0	0	0	0	0	0
-8+Δ	0		-12	-15	-19	—	-23	—	-28	—	-35	-42	-50	-80	1	1.5	1	3	4	6
-10+Δ	0		-15	-19	-23	—	-28	—	-34	—	-42	-52	-67	-97	1	1.5	2	3	6	7
-12+Δ	0	在大于IT7的标准公差等级的基本偏差数值上增加一个Δ值	-18	-23	-28	—	-33	—	-40	—	-50	-64	-90	-130	1	2	3	3	7	9
								-39	-45	—	-60	-77	-108	-150						
-15+Δ	0		-22	-28	-35	—	-41	-47	-54	-63	-73	-98	-136	-188	1.5	2	3	4	8	12
						-41	-48	-55	-64	-75	-88	-118	-160	-218						
-17+Δ	0		-26	-34	-43	-48	-60	-68	-80	-94	-112	-148	-200	-274	1.5	3	4	5	9	14
						-54	-70	-81	-97	-114	-136	-180	-242	-325						
-20+Δ	0		-32	-41	-53	-66	-87	-102	-122	-144	-172	-226	-300	-405	2	3	5	6	11	16
				-43	-59	-75	-102	-120	-146	-174	-210	-274	-360	-480						
-23+Δ	0		-37	-51	-71	-91	-124	-146	-178	-214	-258	-335	-445	-585	2	4	5	7	13	19
				-54	-79	-104	-144	-172	-210	-254	-310	-400	-525	-690						
-27+Δ	0		-43	-63	-92	-122	-170	-202	-248	-300	-365	-470	-620	-800	3	4	6	7	15	23
				-65	-100	-134	-190	-228	-280	-340	-415	-535	-700	-900						
				-68	-108	-146	-210	-252	-310	-380	-465	-600	-780	-1000						
-31+Δ	0		-50	-77	-122	-166	-236	-284	-350	-425	-520	-670	-880	-1150	3	4	6	9	17	26
				-80	-130	-180	-258	-310	-385	-470	-575	-740	-960	-1250						
				-84	-140	-196	-284	-340	-425	-520	-640	-820	-1050	-1350						
-34+Δ	0		-56	-94	-158	-218	-315	-385	-475	-580	-710	-920	-1200	-1550	4	4	7	9	20	29
				-98	-170	-240	-350	-425	-525	-650	-790	-1000	-1300	-1700						
-37+Δ	0		-62	-108	-190	-268	-390	-475	-590	-730	-900	-1150	-1500	-1900	4	5	7	11	21	32
				-114	-208	-294	-435	-530	-660	-820	-1000	-1300	-1650	-2100						
-40+Δ	0		-68	-126	-232	-330	-490	-595	-740	-920	-1100	-1450	-1850	-2400	5	5	7	13	23	34
				-132	-252	-360	-540	-660	-820	-1000	-1250	-1600	-2100	-2600						

表 D-5　优先选用的轴的公差带（摘自 GB/T 1800.2—2020）　（偏差单位为 μm）

公称尺寸 mm 大于	至	a 11	b 11	c 11	d 9	e 8	f 7	g 6	h 6	h 7	h 9	h 11	js 6	k 6	n 6	p 6	r 6	s 6
—	3	-270/-330	-140/-200	-60/-120	-20/-45	-14/-28	-6/-16	-2/-8	0/-6	0/-10	0/-25	0/-60	±3	+6/0	+10/+4	+12/+6	+16/+10	+20/+14
3	6	-270/-345	-140/-215	-70/-145	-30/-60	-20/-38	-10/-22	-4/-12	0/-8	0/-12	0/-30	0/-75	±4	+9/+1	+16/+8	+20/+12	+23/+15	+27/+19
6	10	-280/-370	-150/-240	-80/-170	-40/-76	-25/-47	-13/-28	-5/-14	0/-9	0/-15	0/-36	0/-90	±4.5	+10/+1	+19/+10	+24/+15	+28/+19	+32/+23
10	18	-290/-400	-150/-260	-95/-205	-50/-93	-32/-59	-16/-34	-6/-17	0/-11	0/-18	0/-43	0/-110	±5.5	+12/+1	+23/+12	+29/+18	+34/+23	+39/+28
18	30	-300/-430	-160/-290	-110/-240	-65/-117	-40/-73	-20/-41	-7/-20	0/-13	0/-21	0/-52	0/-130	±6.5	+15/+2	+28/+15	+35/+22	+41/+28	+48/+35
30	40	-310/-470	-170/-330	-120/-280	-80/-142	-50/-89	-25/-50	-9/-25	0/-16	0/-25	0/-62	0/-160	±8	+18/+2	+33/+17	+42/+26	+50/+34	+59/+43
40	50	-320/-480	-180/-340	-130/-290														
50	65	-340/-530	-190/-380	-140/-330	-100/-174	-60/-106	-30/-60	-10/-29	0/-19	0/-30	0/-74	0/-190	±9.5	+21/+2	+39/+20	+51/+32	+60/+41	+72/+53
65	80	-360/-550	-200/-390	-150/-340													+62/+43	+78/+59
80	100	-380/-600	-220/-440	-170/-390	-120/-207	-72/-126	-36/-71	-12/-34	0/-22	0/-35	0/-87	0/-220	±11	+25/+3	+45/+23	+59/+37	+73/+51	+93/+71
100	120	-410/-630	-240/-460	-180/-400													+76/+54	+101/+79
120	140	-460/-710	-260/-510	-200/-450	-145/-245	-85/-148	-43/-83	-14/-39	0/-25	0/-40	0/-100	0/-250	±12.5	+28/+3	+52/+27	+68/+43	+88/+63	+117/+92
140	160	-520/-770	-280/-530	-210/-460													+90/+65	+125/+100
160	180	-580/-830	-310/-560	-230/-480													+93/+68	+133/+108
180	200	-660/-950	-340/-630	-240/-530	-170/-285	-100/-172	-50/-96	-15/-44	0/-29	0/-46	0/-115	0/-290	±14.5	+33/+4	+60/+31	+79/+50	+106/+77	+151/+122
200	225	-740/-1030	-380/-670	-260/-550													+109/+80	+159/+130
225	250	-820/-1110	-420/-710	-280/-570													+113/+84	+169/+140
250	280	-920/-1240	-480/-800	-300/-620	-190/-320	-110/-191	-56/-108	-17/-49	0/-32	0/-52	0/-130	0/-320	±16	+36/+4	+66/+34	+88/+56	+126/+94	+190/+158
280	315	-1050/-1370	-540/-860	-330/-650													+130/+98	+202/+170
315	355	-100/-1560	-600/-960	-360/-720	-210/-350	-125/-214	-62/-119	-18/-54	0/-36	0/-57	0/-140	0/-360	±18	+40/+4	+73/+37	+98/+62	+144/+108	+226/+190
355	400	-1350/-1710	-680/-1040	-400/-760													+150/+114	+244/+208
400	450	-100/-1900	-760/-1160	-440/-840	-230/-385	-135/-232	-68/-131	-20/-60	0/-40	0/-63	0/-155	0/-400	±20	+45/+5	+80/+40	+108/+68	+166/+126	+272/+232
450	500	-1650/-2050	-840/-1240	-480/-880													+172/+132	+292/+252

表 D-6　优先选用的孔的公差带（摘自 GB/T 1800.2—2020）　　　（偏差单位为 μm）

公称尺寸 mm 大于	至	A	B	C	D	E	F	G	H	H	H	H	JS	K	N	P	R	S
公差等级		11	11	11	10	9	8	7	7	8	9	11	7	7	7	7	7	7
—	3	+330/+270	+200/+140	+120/+60	+60/+20	+39/+14	+20/+6	+12/+2	+10/0	+14/0	+25/0	+60/0	±5	0/-10	-4/-14	-6/-16	-10/-20	-14/-24
3	6	+345/+270	+215/+140	+145/+70	+78/+30	+50/+20	+28/+10	+16/+4	+12/0	+18/0	+30/0	+75/0	±6	3/-9	-4/-16	-8/-20	-11/-23	-15/-27
6	10	+370/+280	+240/+150	+170/+80	+98/+40	+61/+25	+35/+13	+20/+5	+15/0	+22/0	+36/0	+90/0	±7.5	5/-10	-4/-19	-9/-24	-13/-28	-17/-32
10	18	+400/+290	+260/+150	+205/+95	+120/+50	+75/+32	+43/+16	+24/+6	+18/0	+27/0	+43/0	+110/0	±9	+6/-12	-5/-23	-11/-29	-16/-34	-21/-39
18	30	+430/+300	+290/+160	+240/+110	+149/+65	+92/+40	+53/+20	+28/+7	+21/0	+33/0	+52/0	+130/0	±10.5	+6/-15	-7/-28	-14/-35	-20/-41	-27/-48
30	40	+470/+310	+330/+170	+280/+120	+180/+80	+112/+50	+64/+25	+34/+9	+25/0	+39/0	+62/0	+160/0	±12.5	+7/-18	-8/-33	-17/-42	-25/-50	-34/-59
40	50	+480/+320	+340/+180	+290/+130														
50	65	+530/+340	+380/+190	+330/+140	+220/+100	+134/+60	+76/+30	+40/+10	+30/0	+46/0	+74/0	+190/0	±15	+9/-21	-9/-39	-21/-51	-30/-60	-42/-72
65	80	+550/+360	+390/+200	+340/+150													-32/-62	-48/-78
80	100	+600/+380	+440/+220	+390/+170	+260/+120	+159/+72	+90/+36	+47/+12	+35/0	+54/0	+87/0	+220/0	±17.5	+10/-25	-10/-45	-24/-59	-38/-73	-58/-93
100	120	+630/+410	+460/+240	+400/+180													-41/-76	-66/-101
120	140	+710/+460	+510/+260	+450/+200	+305/+145	+185/+85	+106/+43	+54/+14	+40/0	+63/0	+100/0	+250/0	±20	+12/-28	-12/-52	-28/-68	-48/-88	-77/-117
140	160	+770/+520	+530/+280	+460/+210													-50/-90	-85/-125
160	180	+830/+580	+560/+310	+480/+230													-53/-93	-93/-133
180	200	+950/+660	+630/+340	+530/+240	+355/+170	+215/+100	+122/+50	+61/+15	+46/0	+72/0	+115/0	+290/0	±23	+13/-33	-14/-60	-33/-79	-60/-106	-105/-151
200	225	+1030/+740	+670/+380	+550/+260													-63/-109	-113/-159
225	250	+1110/+820	+710/+420	+570/+280													-67/-113	-123/-169
250	280	+1240/+920	+800/+480	+620/+300	+400/+190	+240/+110	+137/+56	+69/+17	+52/0	+81/0	+130/0	+320/0	±26	+16/-36	-14/-66	-36/-88	-74/-126	-138/-190
280	315	+1370/+1050	+860/+540	+650/+330													-78/-130	-150/-202
315	355	+1560/+1200	+960/+600	+720/+360	+440/+210	+265/+125	+151/+62	+75/+18	+57/0	+89/0	+140/0	+360/0	±28.5	+17/-40	-16/-73	-41/-98	-87/-144	-169/-226
355	400	+1710/+1350	+1040/+680	+760/+400													-93/-150	-187/-244
400	450	+1900/+1500	+1160/+760	+840/+440	+480/+230	+290/+135	+165/+68	+83/+20	+63/0	+97/0	+155/0	+400/0	±31.5	+18/-45	-17/-80	-45/-108	-103/-166	-209/-272
450	500	+2050/+1650	+1240/+840	+880/+480													-109/-172	-229/-292

参 考 文 献

［1］胡建生．机械制图（多学时）［M］．4版．北京：机械工业出版社，2020.

［2］柳燕君，应龙泉，潘陆桃．机械制图［M］．北京：高等教育出版社，2010.

［3］杨老记，高英敏．机械制图［M］．北京：机械工业出版社，2016.

［4］武建设，陈友伟．机械制图［M］．镇江：江苏大学出版社，2016.

［5］彭晓兰．机械制图［M］．北京：高等教育出版社，2015.

［6］刘力．机械制图［M］．北京：高等教育出版社，2013.

［7］吕思科，周宪珠．机械制图［M］．北京：北京理工大学出版社，2015.

［8］王新年．机械制图［M］．北京：电子工业出版社，2013.

［9］王晨曦．机械制图［M］．北京：北京邮电大学出版社，2012.

［10］洪友伦，段利君．机械制图［M］．北京：清华大学出版社，2016.